油藏工程理论与实践

（第二辑）

岳清山 著

石油工业出版社

内容提要

本书是作者从事油藏工程工作的部分文集,是对2012年出版的《油藏工程理论与实践》一书的补充。所收录的16篇文章,涉及水驱、热力采油等领域中关于油藏描述、剩余油研究、开发方式选择、开发方案设计、动态分析等油藏工程方面的理论与实践,体现了作者在分析、解决油田开发问题时运用油藏工程理论的思路、方法及能力。

本书可供从事注水开发、热力采油等油田科技人员以及高等院校油藏工程相关专业师生参考。

图书在版编目(CIP)数据

油藏工程理论与实践.第二辑/岳清山著.—北京:石油工业出版社,2021.5

ISBN 978–7–5183–4610–3

Ⅰ.①油… Ⅱ.①岳… Ⅲ.①油藏工程 Ⅳ.①TE34

中国版本图书馆 CIP 数据核字(2021)第 068607 号

出版发行:石油工业出版社

(北京安定门外安华里2区1号 100011)

网　址:www.petropub.com

编辑部:(010)64523535　图书营销中心:(010)64523633

经　　销:全国新华书店

印　　刷:北京晨旭印刷厂

2021年5月第1版　2021年5月第1次印刷

710×1000毫米　开本:1/16　印张:12.75

字数:230千字

定价:80.00元

(如出现印装质量问题,我社图书营销中心负责调换)

版权所有,翻印必究

序

  得知岳清山教授即将出版《油藏工程理论与实践（第二辑）》，随即找来初版仔细阅读，续集仍然沿用以往的写作风格，不同于油气田开发领域众多的专著或教材，既有相关学术研究的成果，又有自己的心得体会，特色鲜明，内容形式又不拘一格，都是岳教授多年来从事油藏工程研究的全面总结，作为一名石油院校教师和石油科研工作者，这本书在很多方面使我受益良多：

  （1）立足矿场实际，理论联系实践。每篇文章中均秉承立足于矿场实际的理念，通过联系理论、列举实例、对比分析的方法说明各个开发问题的核心，强调应用与实践的重要性。例如在《杂谈》一文中，岳教授指出，油藏工程师就像中医师一样，综合分析油藏的具体实际，选择开发方式、设计开发方案。

  （2）突出规律认识，分析注重思路。每篇文章均有一个固定的"主题"，但也能够发现并总结出一般规律和客观认识，并且在具体问题的分析过程中注重阐释解决问题的思路、方法和手段。例如岳教授总结的"开发好一个油藏必须做好的五项工作"，就是对如何开发好一个油藏的一般规律的凝练。又例如在"关于油藏注水时机问题的探讨"一文中，通过理论计算、室内实验及矿场资料分析等方法，分别阐明了不同油藏条件下的注水时机优选问题，充分体现了研究具体问题时应当遵从的正确思路和方法。

  衷心感谢岳教授将自己多年的矿场实践经验和所思所感以文集形式整理成册，以启发科技工作者们在油气田开发领域更快地取得实践成果。同时，我也渴望并期待更多的像岳教授这样的老一辈专家学者们能将自己扎实厚重、广博深邃的知识积淀和现场经验以这样的形式与石油开发工作者们分享。

2020 年 10 月

前　　言

从本书的目录看，内容比较杂乱，但总的说来，本书的基本内容仍如它的姊妹集《油藏工程理论与实践》一样，是笔者如何依据具体油气藏的基本描述和开发动态特征，应用油藏工程理论和实践经验，分析、判断和解决油藏描述、开发方案及开发实施中存在的问题。至于这些问题对油藏开发方式选择的合理性、方案设计的正确性以及对开发效果和经济效益影响的重要性，书中到处可见。

本书及其姊妹集的出版，将笔者从事油气藏开发的全部经验和教训，特别是处理问题的思路和方法，呈现给读者，以使读者从中吸取经验、接受教训，少走弯路，快速地成长为更高层次的油气藏开发工作者。

本书在内容和结构上始终坚持两个原则：一是尽量压缩文章的篇幅。把书中多篇几万字甚至十几万字的研究报告浓缩成一万字左右的短文，使之简明扼要。二是在浓缩过程中，保留核心部分，对当时所得到的看法，分析、判断和解决问题的思路与方法，以及结论性的东西，不管是对还是错，一概保留下来，以使读者吸收和接受真正的经验教训。

在本书的出版过程中，中国石油辽河油田勘探开发研究院赵洪岩、曲美静、徐丹、高冰、崔丽静、高飞等同志帮助整理了初稿和部分图表，石油工业出版社的何莉等同志给予了大力支持，在此一并表示感谢。

2020 年 9 月于北京

目 录

关于油藏注水时机问题的探讨 ………………………………………… 1

对绥中 36-1 油藏开发的建议 …………………………………………… 17

新疆波浪油藏 H2 水平井问题研讨会上的发言 ……………………… 20

关于齐 40 汽驱试验中的泵效、供液问题的分析 …………………… 23

对胜利油田乐安油藏开发的一点看法和建议 ………………………… 27

兴隆台油田开发的潜力分析 …………………………………………… 29

新疆九 6 区齐古组蒸汽驱中后期剩余油分布规律及提高开发效果研究 … 33

锦 45 于楼油藏开发方式选择和所选开发方式的优化 ……………… 56

锦州采油厂汽驱研讨会上的演讲 ……………………………………… 75

关于剩余油问题的一些思考 …………………………………………… 86

开发好一个油藏必须做好的五项工作 ………………………………… 91

在福州五省稠油会议上的报告 ………………………………………… 96

2013 年 Badin 油区老油气藏挖潜效果分析 ………………………… 117

对高升油田合作区火驱项目的调整建议 ……………………………… 148

杂谈 ……………………………………………………………………… 171

一个全新的水驱油藏采收率预测公式 ………………………………… 189

关于油藏注水时机问题的探讨

(1979 年)

油田注水的根本目的是保持一定的地层压力,使油田保持较旺盛的生产能力及取得较高的最终采收率。实践证明,开始注水的地层压力(以下简称注水压力)对注水效果有很大影响。对于这个问题国内外还有不同看法。本文的目的就是通过理论计算、室内实验及油田实际资料的分析,提出对注水压力,也即注水时机及注水策略的一些看法。

油层参数和溶解气驱的一些基本规律

为了便于以后的计算和开发分析的应用,本节首先列出一些油层及原油物性参数和溶解气驱的一些基本规律。

1. 油层及原油物性参数

在此后的计算中,以兴隆台油田的油层及油、气、水性质为参数。主要参数如下:

油层孔隙度 $\phi=0.24$;

油层渗透率 $K=0.3D$;

油层深度 $H=2000m$;

饱和压力 $p_s=210atm$❶;

天然气黏度 $\mu_g=0.02mPa·s$(油层条件下);

地层水黏度 $\mu_w=0.5mPa·s$(油层条件下);

地层温度 $T=70℃$。

兴 405 井原油高压物性资料如图 1 所示。

油—水、油—气相对渗透率曲线和油气相渗透率比值曲线由室内实验及矿场资料整理❷得来(图 2 至图 4)。

---

❶ 1atm=1.01325×10⁵Pa。
❷ 利用矿场资料整理油气相渗透率[R].石油科技情报,1978 年,辽河油田勘探开发研究院情报室。

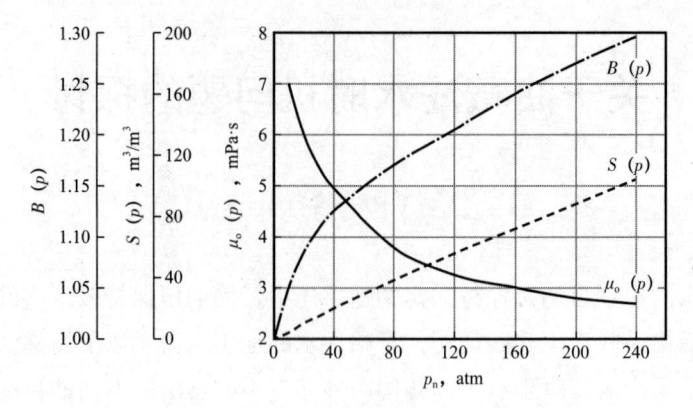

图1 兴405井原油高压物性 $B(p)$，$S(p)$ 及 $\mu_o(p)$ 曲线
B—原油体积系数；S—溶解气油比；μ_o—原油黏度

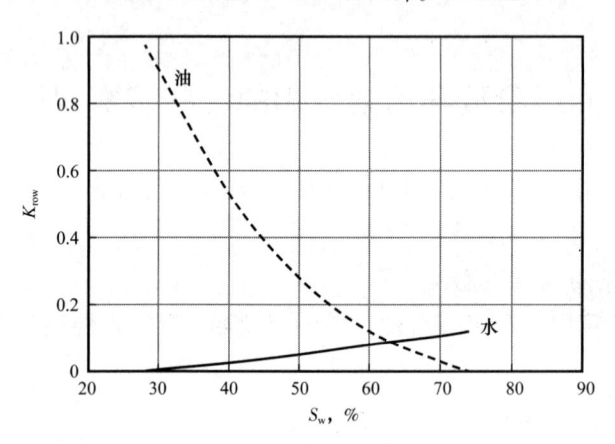

图2 油水相对渗透率曲线
S_w—含水饱和度；K_{row}—油水相对渗透率

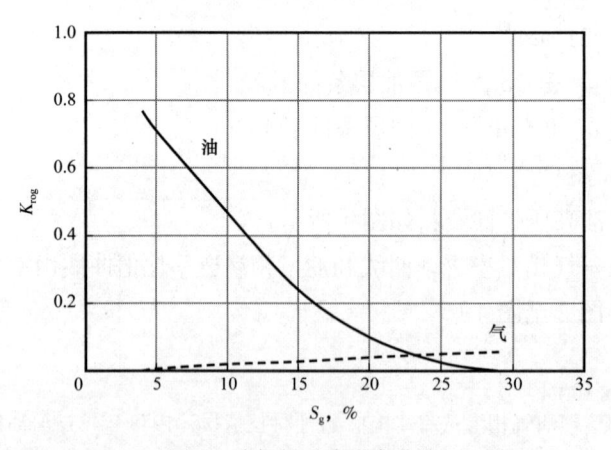

图3 油气相对渗透率曲线

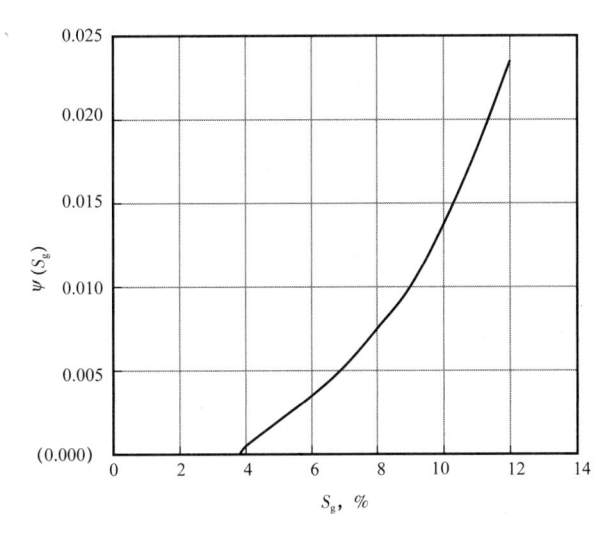

图 4　气相和油相渗透率之比 $\psi(S_g)$ 与含气饱和度 S_g 的关系曲线

2. 溶解气驱的一些基本规律

根据文献[1][2]，在溶解气驱条件下，油层压力与地下含油饱和度、平均生产气油比及一定生产压差下的产量有如下关系式：

$$p_{n+1} = \frac{\frac{\bar{R}-s_n}{B_n}S_{gn} - (1-S_{gn})p_n + p_{n+1}}{\frac{\bar{R}-s_{n+1}}{B_{n+1}} + p_{n+1}} \quad (1)$$

$$\bar{R} = \bar{p}\psi(S_{gn+1})\frac{\mu_o(\bar{p})}{\mu_g(\bar{p})}B(\bar{p}_0) + s(\bar{p}_n) \quad (2)$$

$$q_{ro} = \frac{q_{on}}{q_{os}} = \frac{H_n - H_{jn}}{H_s - H_{js}} \quad (3)$$

式中　S_g——含气饱和度；

s——天然气在油中的溶解度，m^3/m^3；

p——地层压力，atm；

B——原油体积系数，m^3/m^3；

$\bar{p}$——平均地层压力，$\bar{p}=(p_n+p_{n+1})/2$；

$\bar{R}$——地层压力由 p_n 降到 p_{n+1} 期间的平均生产气油比，m^3/m^3；

μ_o，μ_g——地层条件下原油和天然气黏度，mPa·s；

ψ——气相和油相渗透率之比，$\psi(S_g) = \dfrac{K_g}{K_o}$；

q_{ro}——无量纲产量，系指在一定生产压差下目前地层压力与饱和压力的产量之比；

H——H 函数。

在地层压力为 p_n、井底压力为 p_j 时，H 函数的差值为：

$$H_n - H_j = \int_{p_j}^{p_n} \frac{K_o(p)}{\mu_o(p)B(p)} dp = 0.00085\left(p_n^2 - p_j^2\right) - 0.11\left(p_n - p_j\right) \tag{4}$$

以上各式的下角 s 和 n 分别表示饱和压力下和某压力下的值。

根据上述公式，算出在溶解气驱条件下，随地层压力的下降，各项指标如图 5 所示。

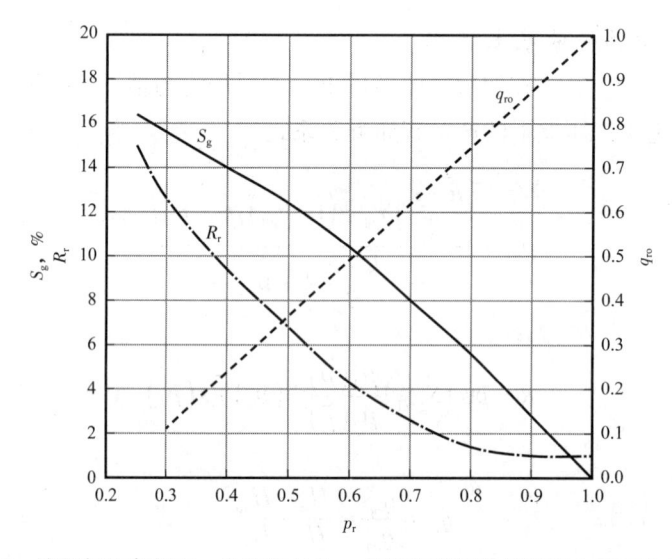

图 5　溶解气驱条件下，生产气油比、气饱和度和产量随压力的变化曲线
$p_r = p_n/p_s$；$R_r = R_n/R_s$

由图 5 看出，在溶解气驱条件下：（1）生产压差一定时，产量随地层压力下降，几乎成直线下降；（2）地下含气饱和度随地层压力下降而上升，开始增加得快些，以后逐渐变缓；（3）随着地层压力的下降，生产气油比首先是略有下降，当压力降到 $0.85p_s$ 时，气油比开始上升，以后随地层压力的下降而快速上升。

不同注水压力的开发效果

对不同注水压力,从以下4个方面来讨论,并且假设油藏为封闭型、高饱和的,注水后保持注采平衡等条件。

1. 不同注水压力对产能的影响

不同注水压力下产能的计算,采用的是萨德契科夫的"稳定地层压力下水驱混气油的计算方法"(辽河油田科技情报,1978)。

在线性驱(油藏长600m、宽500m),定生产压差(Δp=7atm)条件下,对兴隆台油田进行不同注水压力下的计算,并且考虑到不同注水压力下经历了不同的溶气驱开采阶段,则得到如图6所示的不同压力下开始注水时的整个开发过程中产量随开发时间的关系曲线。

从图6可以看到,注水开始得越早则初期阶段产量越高,注水开始得越晚,则初期产量下降越大。

从图6也可看到,注水压力为$0.8p_s$时,初期最低产量为饱和压力下产量的65%,见水前整个生产阶段采油速度在2%以上(本例2%采油速度的产量为70m³/d),并且稳产时间较长,为饱和压力下开始注水的稳产时间的1.3倍。在$0.6p_s$下开始注水时,则产量波动很大,最低产量只有饱和压力下产量的26%,最低采油速度还不到1%,所以就谈不上稳产了。

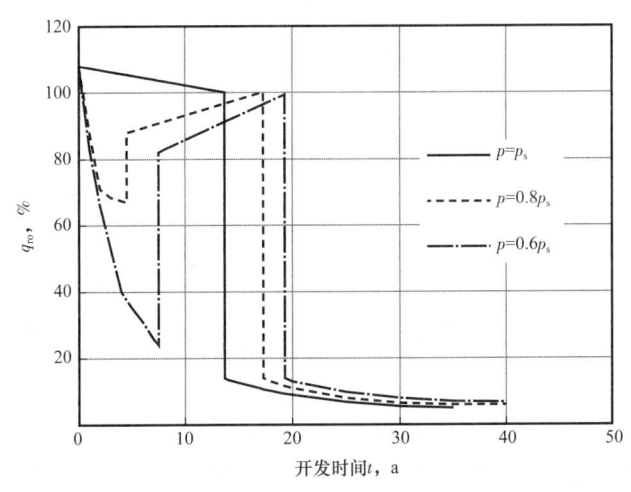

图6 不同压力下开始注水时的开发过程中产量随开发时间的变化曲线

从以上分析看出,要保持油田较旺盛的产能,长期稳产高产,开始注水的地层压力不应低到 $0.6p_s$,最好在 $0.8p_s$ 左右时开始注水。

2. 不同注水压力对生产气油比的影响

不同注水压力对生产气油比的影响表现在两个方面:一方面是对注水初期生产气油比的影响;另一方面是对开发过程中生产气油比的影响。

注水初期的生产气油比,实际上就是溶气驱对应压力下的生产气油比。溶气驱条件下生产气油比随地层压力的变化关系,前面已有计算(图7曲线)。我们也对兴隆台油田注水见效断块注水压力与注水开始时的生产气油比进行了统计,其结果也标入图7中。可以看出,尽管某些断块因有原生气顶使点子偏离理论计算曲线较远,但总的看来是基本吻合的。

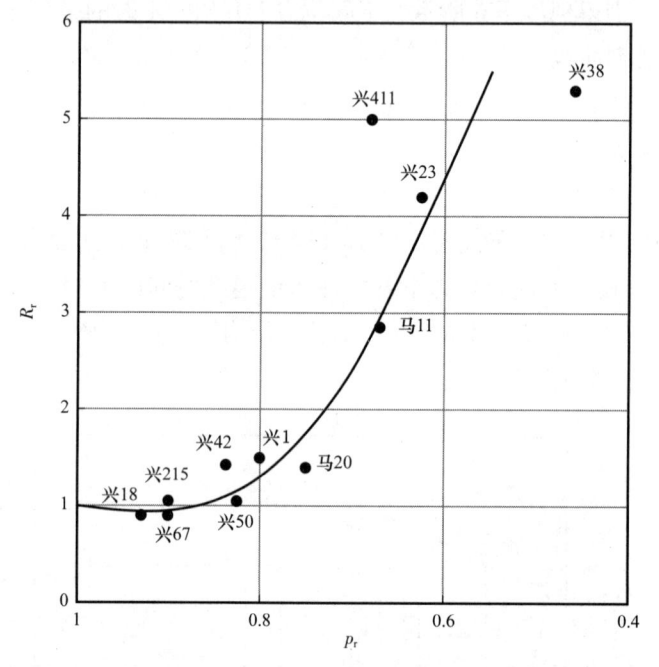

图 7 注水开始时压力与注水初期生产气油比关系曲线

不同注水压力下的生产气油比随开发时间的变化也是用萨德契科夫计算法进行的,结果如图8所示。

由图7和图8看出,注水开始得越早,则无论注水初期还是整个生产过程中,生产气油比就越稳定,并越接近原始气油比。注水开始得越晚,开始注水的压力越低,则注水初期生产气油比越高,而整个生产过程中气油比波动也越大。

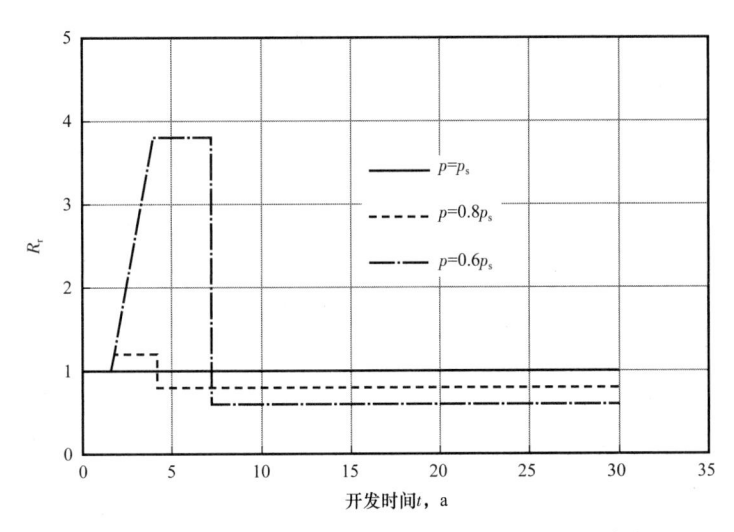

图8 不同压力下开始注水时气油比随时间的变化曲线

从能量利用的观点来看，气油比稳定在原始气油比附近比较有利，即开始注水的压力，以不造成地下存在大量可流动的游离气为宜。从以上分析可知，开始注水时的压力在 $0.7p_s$ 以上，基本可保证能量的合理利用。

3. 不同注水压力对生产方式的影响

油井自喷生产的条件是井底流压必须大于或等于最低自喷流压。所以地层压力的高低，必然影响到油井的生产方式。

一定产量的自喷井的井底流压随含水的变化式为：

$$p_f = p - \frac{\Delta p}{1 - d_\eta f} \tag{5}$$

式中　p——地层压力，atm；

　　　p_f——油井井底流压，atm；

　　　Δp——油井见水前的生产压差，atm；

　　　f——含水百分数，%；

　　　d_η——采油指数随含水的下降率，根据统计取 0.9%。

根据式（5），设油井见水前生产压差为 10atm，则可算出地层压力分别为 210atm、170atm 和 126atm（即相当于 p_s、$0.8p_s$ 和 $0.6p_s$）时流压随含水的变化曲线如图9所示。

根据兴隆台油田最低自喷流压统计，对代表性的油井（气油比为 100m³/t，井深为 2000m）计算最低自喷流压与含水的关系曲线如图9中的最低自喷流压曲线所示。

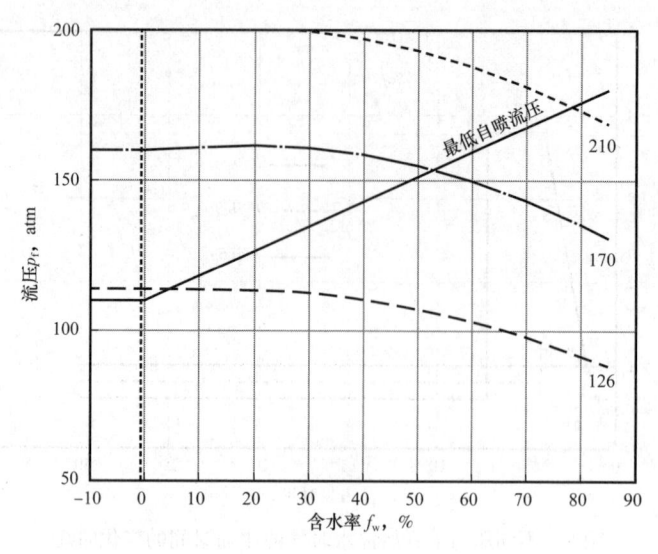

图9 不同注水压力对生产方式的影响

由图9看出，地层压力水平越高，自喷生产时间越长。在饱和压力210atm下开始注水，油井在含水80%以前都能自喷生产。在地层压力为170atm（$0.8p_s$）时开始注水，油井含水50%以前基本能自喷生产。而在地层压力降到126atm（$0.6p_s$）开始注水时，则油井见水后不久就不能自喷生产了。

由此看来，为保持油井较长的自喷期，注水开始时的油藏压力越高越好。

但是我们也要考虑注水的实际问题，目前兴隆台油田地层压力一般为150~160atm（大约为$0.74p_s$），注水井井口压力为120~130atm，如果在原始地层压力（210atm）下注水，又保持同样的注水量，则相应的注水井井口压力就要高达170~180atm。这样高的注水压力就需要更换更高压力的注水泵。所以在地层压力太高（特别是油层较深时）的情况下注水的可能性和经济效果也将成问题。

所以，既要保持油井能长期自喷生产，又要符合注水的实际问题，对本例来说，地层压力为$0.75p_s$左右时开始注水较为合适。

4. 不同注水压力对采收率的影响

对这个问题，大庆油田流体研究室已做过室内实验[1]，其结果如图10和图11所示。它们分别为均质和非均质模型的实验结果。图中曲线3为模型中不同含气饱和度下开始注水的最终采收率。

---

[1] 大庆油田开发研究报告集［R］.大庆油田开发研究院，1974年。

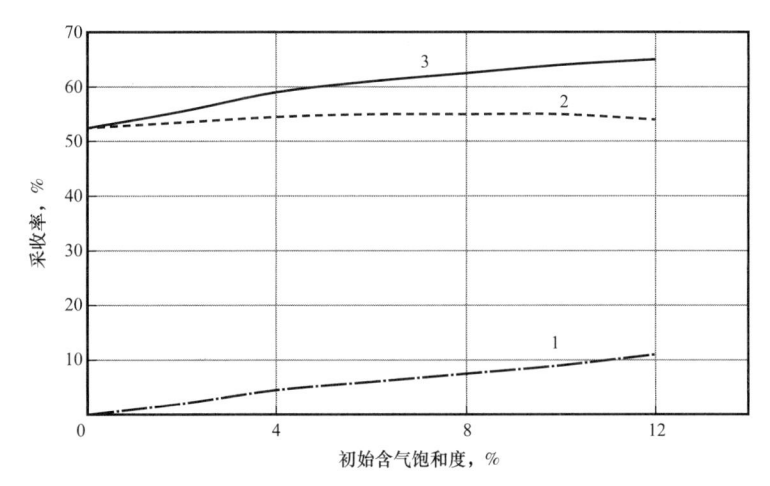

图 10 大庆均质模型水驱油实验采收率与初始含气饱和度关系曲线

1—溶解气驱采收率；2—注水 2 倍孔隙体积时水驱采收率；3—注水 2 倍时的总采收率

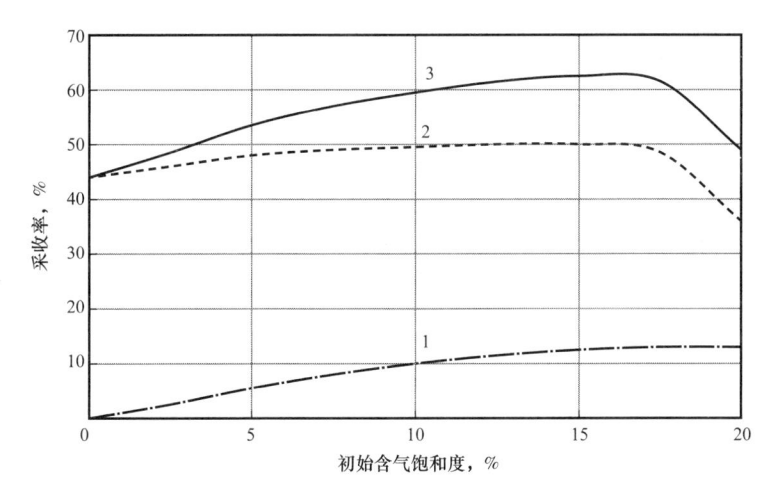

图 11 大庆非均质模型水驱油实验采收率与油藏中初始含气饱和度关系曲线

1—溶解气驱采收率；2—注水 2 倍孔隙体积时水驱采收率；3—注水 2 倍时的总采收率

根据溶解气驱一节得到的含气饱和度与压力的关系，可近似地将图10和图11的最终采收率与含气饱和度关系转化为最终采收率与注水压力的关系，得到如图12所示的关系曲线。

F.F.克雷格也有类似的水亲岩层的实验报道[3]。图13就是他报道的油层初始含气饱和度与残余油饱和度降低值的关系曲线（所谓残余油饱和度降低值就是无游离气条件下注水后的残余油饱和度减去有游离气条件下注水后的残余油饱和度）。

9

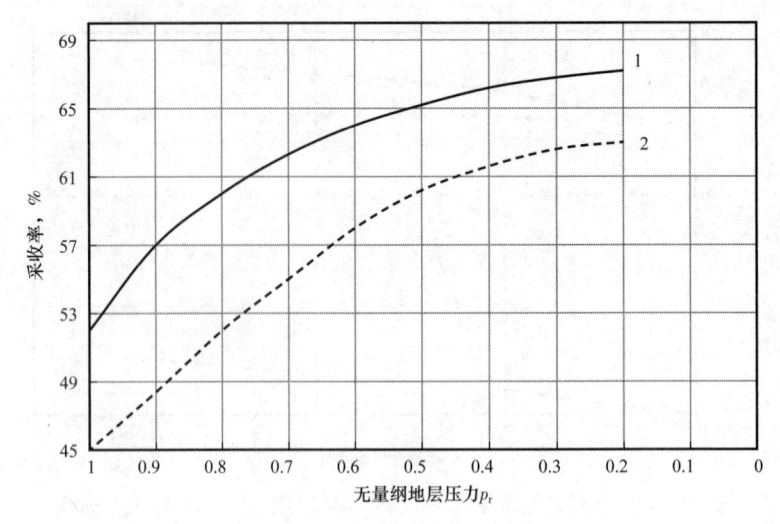

图 12　大庆油藏注水压力与采收率的关系曲线

1—非均质模型实验结果；2—均质模型实验结果

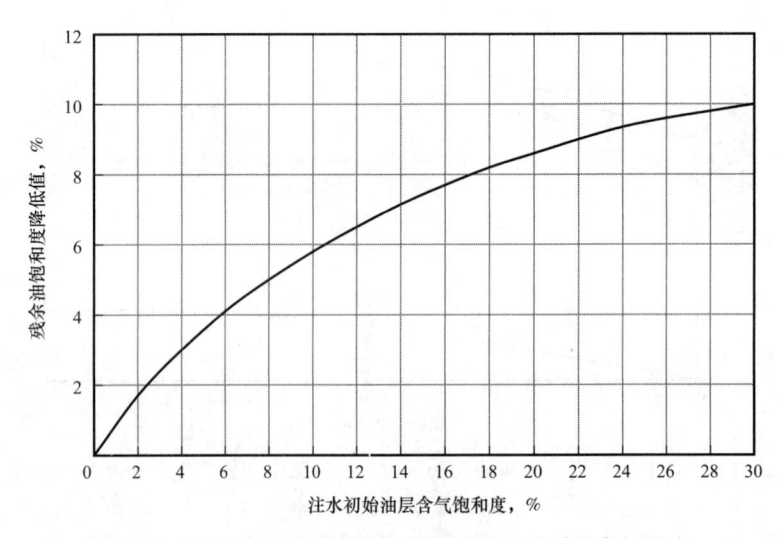

图 13　亲水油层注水初始含气饱和度对注水采收率的影响

将此资料也可以近似的整理成注水压力与采收率提高值（以原生水 30% 计算）之关系曲线，如图 14 所示（所谓采收率提高值是低压下注水的采收率减去饱和压力下注水的采收率）。

对兴隆台注水见效断块不同注水时机与预测最终采收率（用特征曲线法）也做了统计。结果见表 1。

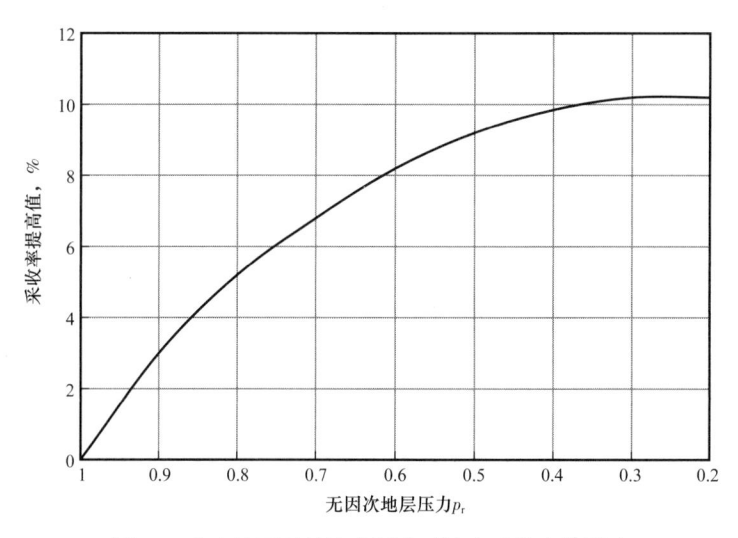

图 14 亲水油层开始注水压力对注水采收率的影响

表 1 兴隆台油田注水见效断块开始注水时的采出程度与最终采收率预测

断块名称（层号）	开始注水时的采出程度，%	预测最终采收率，%
兴 28 中 -4S_1	8.0	55.3
兴 23 下 -9S_1	8.2	23.2
兴 215 下 1-4S_1	9.3	30.2
兴 67 下 S_1	5.2	48.2
兴 411 下 S_1	10.5	20.0
马 20 下 S_1	10.5	58.5
兴 1 下 8-10S_1	14.3	50.8
兴 50 中 4S_1	14.5	82.5
马 11 下 S_1	18.2	60.0
兴 38 中 4S_1	34.8	56.5
兴 42 下 S_1	8.5	64.5

由表1可以看到，尽管因储量评估，井网完善程度及油藏性质等因素造成各断块的最终采收率有很大差异，但如果以注水前采出程度10%为界，分为两类，则采出程度小于10%开始注水的一类平均最终采收率为43.9%，而采出程度大于

10%开始注水的一类最终采收率为54.7%。后者的采收率比前者高10.8%OOIP。（需要说明的是，前面分析封闭型油藏时注水早晚是以地层压力为指标，但此处的这些断块有相当的一些块具有边水、气顶能量，故在此采用了采出程度作为注水早晚的指标。）

从大庆油田和F.F.克雷格的资料看出，在地层压力降到$0.4p_s$以前开始注水时，地层压力越低，采收率越高。并且在$0.6p_s$以前，随着注水压力的降低，采收率提高幅度较大。而在$(0.6\sim0.4)p_s$之间，则采收率提高幅度变小。当压力降到$0.4p_s$以后开始注水时，则因原油性质变差，采收率一般来说不再提高，有的结果还有下降。

从大庆油田实验资料还可看出，随着注水压力的降低，非均质油层情况下提高采收率的幅度比均质情况下更大。这是因为当地下有气体存在时，由于"气阻效应"使非均质的层间矛盾有所减缓。这一结果告诉我们，我们平常所说的"在非均质油层中低压注水会造成过早的水窜"是没有根据的。结果还告诉我们，地层压力在$(0.7\sim0.4)p_s$之间开始注水比在饱和压力下开始注水可使最终采收率提高10%～17%（OOIP）。

综合上述4个方面的分析，我们看到，在一定程度上，不同注水时机的油田采收率与油田高产稳产的需求有一定矛盾。这就需要在考虑注水时机时要做全面考虑，统筹兼顾，既要保证一定的稳产要求，又要达到较高的最终采收率。像兴隆台这样的高饱和断块油藏，地层压力降到$(0.7\sim0.8)p_s$时开始注水，并且注水后保持开始注水时的地层压力，则油藏既能长期稳产高产，又能获得较高的采收率，而且还能合理利用天然能量，使油井较长期以最经济的自喷方式生产，所以在此压力下开始注水将得到较好的注水效果。

几点说明

（1）上面分析油井产能及自喷能力时，是在兴隆台油田条件下进行的，对油层、原油物性较差的油田，为了延长其自喷期，适当地提前开始注水也是必要的。

（2）以上分析是针对封闭型高饱和油藏进行的，对于有一定边水或气顶能量的油藏，除因具有更多的天然能量使地层压力比封闭型油藏降得更慢些外，其他方面和封闭型油藏没有什么差别。所以上面分析的一些基本规律，对于具有边水或气顶的油藏也是适用的。对于未饱和油藏，当地层压力降到饱和压力之后，也应符合上述分析的规律，只不过未饱和油藏的饱和压力较低，在考虑注水时机时，要适当考虑这一特点。

（3）在上面分析注水压力对采收率影响时，克雷格的资料特别注明了是亲水油层的结果。这可能是真实的，因为在亲水油层中，毛细管力对水驱来说是动力。在水驱过程中，水将优选进入被气所占据的微细空间，从而使低于饱和压力下开始注水的最终采收率，高于饱和压力下开始注水的最终采收率。但是在强亲油的油层中，情况可能就不同了。这时毛细管力对水驱来说变为阻力，在水驱过程中，油将优先于水又重新压入已为气体所占据的孔隙中，即产生"再次饱和油现象"。从而有可能导致低压下注水并不能提高采收率的结果。关于这一点已为凯特等的实验所证实。他们的实验结果如图 15 表明，在亲油岩心中，初始气饱和度对采收率的影响没有一个简单的对应关系，而取决于孔隙结构、油的黏度及通过的水量。如果原油黏度较大（实验用油 22.4mPa·s），初始气饱和度只影响某一注水量时的中间采收率，可以减少所需的注水量。而随着注水量的增加，这种影响也越来越小，当注水量很大时，则最终采收率基本上不受初始含气饱和度的影响了。之所以有这种差别，可能是与"再次饱和油"的难易有关，稠油"再次饱和"到微细孔道中比较难，而黏度小的油则容易些。所以对亲油的油层，最好在饱和压力下开始注水，因为此时地下油的体积系数最大，从而在一定的剩余油饱和度下可采出更多的油。

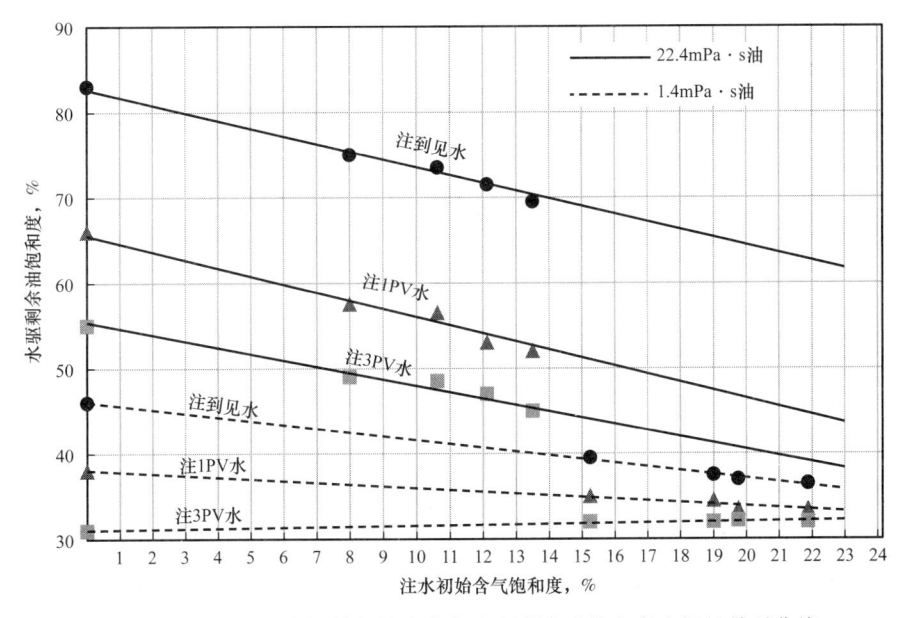

图 15 亲油岩心注水初始气饱和度与水驱剩余油饱和度之间的关系曲线

（4）注水后保持的地层压力水平。前面我们讨论时是假设注水后即达注采平衡保持地层压力这一条件。我们看到，在一定限度内，不管注水早晚，只要注水后保持注采平衡，把地层压力保持在开始注水时的水平上，经过一段时间后都能取得产量上升、气油比下降这一好的注水效果。图16的兴1和兴42的生产曲线就代表了这种情况。

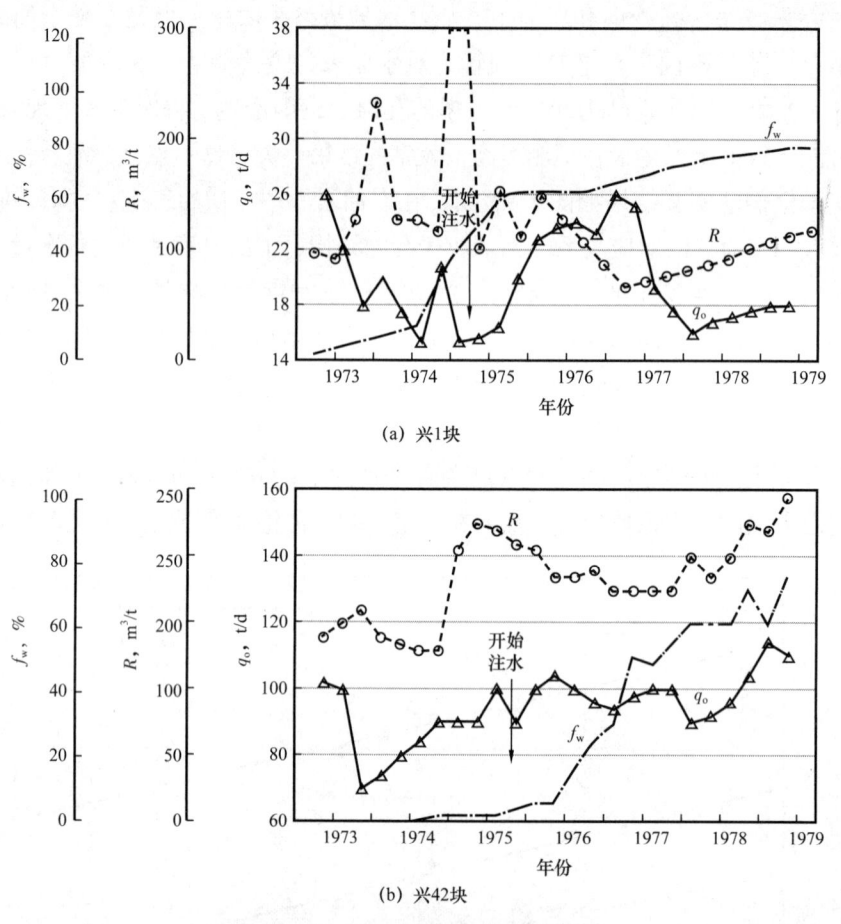

图16 兴1块和兴42块的生产曲线

但是如果开始注水后，达不到注采平衡，注水后地层压力还在继续大幅度下降，地层中的油还在继续脱气，结果地下会形成极其不利的油、气、水三相同时运动的情况：油的产量将继续大幅度下降，气油比将继续上升。所以注水后如果不能保持注采平衡，不能保持地层压力，实际没达到注水的目的。许多油田开发中出现的被动局面，其原因之一就是注水后不能保持地层压力而造成的。所以油藏一旦开始注水，就要严防地层压力的继续下降。图 17 的马 20 和马 21 块的开采曲线就典型地说明了注水后不能保持地层压力这一情况。

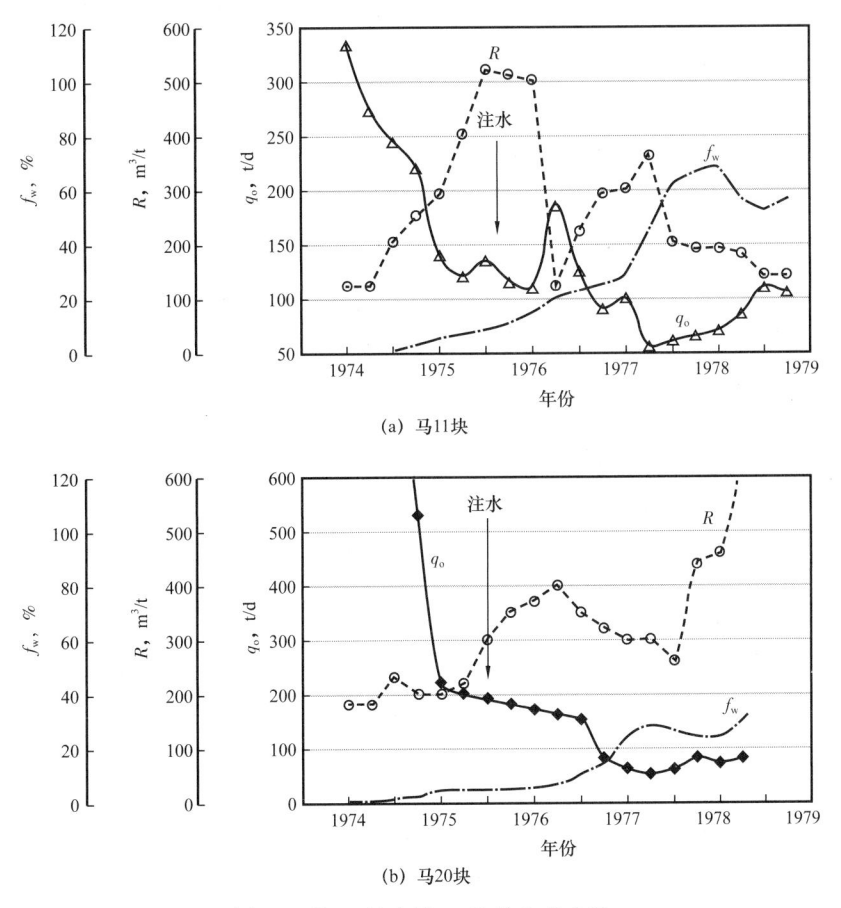

(a) 马11块

(b) 马20块

图 17 马 11 块和马 20 块的生产曲线

注水后马上大幅度恢复地层压力好不好呢？我们分析也不好。注水后马上大幅度恢复地层压力，就势必对地下气体造成压缩，其结果，一方面把已为气体所饱和的空间有可能又把油压入；另一方面，混有气泡的油因受压缩而体积缩小，从而使油的饱和度降低，使油置于更难流动的状态，这样必然导致采收率的降低。所以我们在设计注水方案时也要避免注水后就马上大幅度恢复地层压力的方案。

对已开发的老油田，由于种种原因开始注水时的地层压力已经过低，当油井含水达到一定程度时，自喷生产会受到威胁，为了生产的需要在一定时机适当地恢复地层压力也是必要的。

结 论

综合上述分析和说明，为了取得好的注水效果，本文认为在不同的具体条件下，较好的注水时机应为：

（1）对亲水油层，油层和原油物性又较好的高饱和油藏，为了获得高的采收率和充分利用天然能量，注水开始时间可选在地层压力为 $(0.7 \sim 0.8) p_s$ 时。

（2）对亲水油层，油层和原油物性较差的高饱和油藏，为了得到较高的采收率，又要保证一定的产能，在采用适当的密井网强化的面积注水方式❶的同时，还可适当地将注水压力提到 $(0.8 \sim 0.9) p_s$，最好是通过稳产计算，更精确地确定注水时机。

（3）对亲油油层，开始注水的时间最好选在饱和压力附近。

（4）对于未饱和但饱和压力较高（如在地层压力的80%以上）、油层及原油物性又较好的油藏，可以在地层压力等于或略低于饱和压力时开始注水。而对于饱和压力较低、油层或原油物性又较差的未饱和油藏，则需在饱和压力以上或接近原始地层压力时开始注水。

（5）在进行新油藏的注水时机设计时，要严防地层压力降到设计注水压力水平以下，并在注水后做到注采平衡，把地层压力保持在设计的地层压力上。在对已开发的、地层压力已较低的老油田进行注水设计时，为了保证稳产的需要可以在注水后的某一时机把地层压力恢复到某一水平，但不宜恢复得太快太多。

总之，我们的原则是根据不同情况，采取适时注水，保持一定的地层压力，从而达到既能长期高产稳产、又能取得较高最终采收率的目的。

【本文为本书作者与赵成林合写】

参 考 文 献

［1］石油院校教材编写组.地下流体力学［M］.北京：中国工业出版社，1962.

［2］石油院校教材编写组.油田开发［M］.北京：中国工业出版社，1963.

［3］［美］F.F.克雷格.油田注水开发工程方法［M］.张朝琛，等译.北京：石油化学工业出版社，1977.

---

❶ 注水方式对采油速度及最终采收率的影响［R］.石油科技情报，1973（1），辽河油田勘探开发研究院情报室.

对绥中 36-1 油藏开发的建议

（1993 年）

本文是由石油学会会长刘同刚组织和主持的 1993 年 11 月 10—12 日在杭州市召开的"海上稠油油田开采技术研讨会"上，由石油学会办公室整理的笔者的发言摘要。要读者了解该发言稿中内容是否正确，应该给出绥中 36-1 油藏的基本情况，因此补充如下：

经查询，绥中 36-1 油田位于渤海辽东湾海域辽西低凸中段，为一北东走向的半背斜，主力含油层段为古近系东营组下段，埋深 1300～1600m，自上而下分为 4 个油组；油藏类型为受岩性影响的构造层状油藏。储层孔隙度 30% 左右，渗透率 600mD；地下原油黏度 23.5～452.0mPa·s，主体部位为 50～150mPa·s，原油体积系数为 1.078，溶解气油比为 32m^3/m^3，原始地层压力为 14.28MPa，饱和压力为 5.0～13.7MPa；油田地层水总矿化度为 4481～7154mg/L，水型为重碳酸钠型。

以下为石油学会办公室整理的我发言的摘要。

用聚合物驱可取得最好的开发效果

根据油藏地质条件和流体性质，该油田水驱开发效果会比天然能量开采（包括弹性和溶解气驱）好，而聚合物驱会比水驱开发效果好。估计的开发指标和经济指标比较如下：

（1）开发指标——采收率。

天然能量：3%～5%（OOIP）。

水驱：16%～18%（OOIP）。

聚合物驱：22%～24%（OOIP）。

（2）经济效果。

为计算经济效益，假设油田建设投资 50 亿元，油价 500 元/t；

操作费：—；

天然能量：1.5 亿元/a（10 年）；

水驱开发：2 亿元/a（20 年）；

聚合物驱：2.2 亿元/a（20 年）；

聚合物驱及设备费 16 亿元。

根据以上假设，不同开发方式的收入、花费及利润见表 1。

表 1　不同开发方式下经济效益对比表　　　　　　单位：亿元

开发方式	收入	总花费	利润
天然能量	30～50	65	−35～−15
水驱	160～180	90	70～90
聚合物驱	220～240	110	110～130

关于注水时机问题

根据该油田流体性质以及油井产能情况，建议该油田在地层压力下降 3MPa 时开始注水，并保持该压力下开发。

关于聚合物驱开始时机问题

根据聚合物驱经济效益变化规律、风险大小以及研究准备工作要求，建议最先实行聚合物驱的区块，最好在水驱 4～5 年时开始。待头一、二个区块取得成功经验后，其他区块可适当提前。

关于调剖时机问题

调剖是调整水井的吸水剖面，防止注入水过多地进入已水淹层而使注水失去驱油效果。因此，调剖工作应在主力油层水淹到一定程度后进行。特别是层状油藏，只有这时调剖才不影响主力油层生产，又发挥中低层的作用。过早调剖有可能使各层的产能都受影响。

关于井网问题

根据油井产能及海上快速采油的要求，该油田应采用五点井网。用五点井网不但可加快开发速度,而且也会取得比九点法更好的体积波及效果。

注意防止后开发区块钻井的油层污染问题

经验告诉我们,许多油田初期投产井产能高,而后钻井的产能低,甚至没有产能。其主要原因是先投产井的开采使油藏压力降低,从而使后钻的井污染严重。为防止这一事件的发生,先投产的井不宜降压太多。另外,对后钻的井,钻井时要根据当时油层压力调整钻井液相对密度或选用无固相钻井液。对这一问题要引起足够的重视,不然会给开发工作带来很大麻烦。

石油学会办公室
1993 年 11 月 23 日

新疆波浪油藏 H2 水平井问题研讨会上的发言

（1997年）

H2 井试采结果表明，该井产量低、产量下降快，生产情况很不理想。为了查明原因，河南油田于 1997 年 10 月 20—22 日在河南油田勘探开发研究院召开了一次"H2 井问题研讨会"。与会者有河南石油管理局副总工程师李连武、河南石油管理局油藏处主任工程师王珏，河南油田勘探开发研究院副院长胡常忠、副主任工程师秦宪智，以及院西部研究室、钻井公司、试采公司的同志。邀请了中国石油勘探开发研究院的张义堂、陈祖锡、何鲁平、岳清山四位同志。

会上，首先由河南油田研究院西部研究室的同志介绍了波浪油藏的基本情况，H2 水平井的设计、施工以及试油试采情况。在此基础上，与会同志们先后发表了自己的意见。下文为岳清山的发言内容。

H2 井产能低的可能原因

H2 水平井的产能的确比该油藏直井的产能低得多。由 H2 水平井的生产情况可看出，该井初期的平均产量为 60t/d，以此计算，该井的比采油指数只有 0.02t/（d·m·MPa），而该油藏直井的平均比采油指数为 0.1t/（d·m·MPa），只有直井的 1/5。其原因可能是钻井完井中的污染造成的。

从钻井完井的报告资料得知，该井钻井中用的钻井液相对密度高达 1.29，不考虑泵压，对油层的压力就达 7MPa；钻井液浸泡时间近 2 个月；完井时对井筒中已停留近 2 个月的半固态钻井液又没有做彻底的清除就下了割缝筛管。这些滞留于衬管外的半固态钻井液完井后是无法清除的。另外，钻井液中还加有贴堵球，这些贴堵球不但能贴堵地层面，而且还要堵塞割缝。

H2 井产量下降快的原因分析

H2 井产量下降快，从投产初的 98t/d，生产两个月，产量下降为 30t/d，其降速少见。产量下降快的可能原因有二：一是该井供油范围小；二是油井采油指数快速大幅下降。

（1）如果是第一个原因——井的供油范围小，油藏压力会有大幅下降，而且由于油藏是原始气油比较大（大于100m³/t）的饱和油藏，其生产气油比也会有明显上升。

（2）如果是原因二——油井采油指数快速大幅下降。引起采油指数快速大幅下降的原因可能有三：

① 生产压差过大。在这种情况下，井底附近的地层受到上覆岩层的巨大压力，使其渗透率大幅下降，从而采油指数大幅下降。对于低孔隙度、低渗透率的松软储层，这一情况最易发生。如果是这一原因引起，地层压力降低不多，但生产气油比会有明显上升。

② 井底附近油藏被析出的胶质沥青质沉淀堵死。这种情况的发生首先是地层油中要含有较多的胶质沥青质。这种情况所引起的采油指数快速下降，其特别之处是地层压力下降不多，但气油比有较大的上升，因为只有原油在井底附近大量脱气，胶质沥青质才会脱出。

③ 措施不当对油层的伤害使产量大幅下降。面对油井产量低、下降快，没有做很好的原因分析以对症下药，就进行了扩射和液氮助排措施，并且措施中漏失了超过300m³盐水，使地层进一步受到伤害。措施不但没有增产，反而使问题进一步恶化。

为了找到产量下降快的原因，以便对症下药，应进行油井静压和流压的测量，地层硬度、原油含胶质沥青质的分析等工作，以供正确确定产量下降快的原因。

为改善 H2 水平井的生产状况应做的工作

H2 水平井投资巨大，应尽力查明造成产量低、下降快的原因，然后采取适当措施，以改善其生产状况。

在查找原因的过程中，应本着先易后难的原则进行，并且应注意造成产量低、下降快的原因可能并不是单一的，尽可能对各种影响因素做出判断，以便首先对那些容易治理、效果大的因素采取措施，对那些影响小又比较难以治理的因素后采取措施或不必采取措施。对那些可以结合起来一次进行的措施要尽量结合起来，以避免重复作业，浪费人力物力。具体做法如下：

（1）首先对井筒状况进行了解。通井到井底，如有井筒损坏或作业液或落物堵塞，要及时进行修理、清除，以确保井筒有良好的工作状态。

（2）做必要的资料录取和准备。要测定该井和部分周围直井的静压、流压和该工作制度下的产量以及该井和部分周围直井的表皮系数；要对该井与周围直井的油层进行一些对比研究；制作好该井及周围直井的生产曲线，主要包括产量、气油比、含水；地层油性质（包括相对密度、饱和压力、原始气油比、黏度、胶质沥青质含量等）。

（3）利用所得资料，以及油藏上已取得的所有资料，根据第一和第二节产量低、下降快的原因及其特征，进行该井的分析判断。

（4）根据原因判断结果，提出各种治理措施。

（5）根据先易后难及措施效果的预测好坏，对措施进行排队组合，逐一进行。

波浪油藏开发策略上的一些考虑

根据波浪油藏现有提供的资料，对波浪油藏的开发提出以下建议，供在进一步的研究中参考：

（1）从该油藏的原油性质和地质情况看，该油藏开发中的油藏压力应保持较高水平，但也不能太高，否则在边外注水的情况下会使注入水大量外溢。考虑到以上两种因素，建议开发中保持油藏压力为原始压力的75%~85%。

（2）考虑到该油藏为低渗透、裂缝性储层，单井注采速度不宜过大。单井注水速度在40m³/d，单井采油速度20~25t/d为宜。这样既可防止注入压力过高引起注入水沿裂缝突进，又可防止油井流压过低引起油层压实和地层油的脱气造成对地层的伤害。

（3）为了使这种低渗透油藏在单井低注低采的情况下有一定的采油速度和生产规模，可以采用相对较密的井网，初步认为200~250m井距比较合适。

（4）为了使密井网在经济上有利可行，对这种多层系的油藏，最好采取一套井网上返式开采。在总井数相同的情况下，一套井网与分层系两套井网的采油速度基本相同，但一套井网的开发效果要比两套井网好得多。

（5）该油藏为一个非对称的长背斜构造，在两边都进行边外注水的情况下，要特别注意两边的注水平衡问题，以免一边注入的水过早越过背脊向下驱；要根据背轴两边的油藏体积比例，把总注水量分配到两边，然后再把每边的注水量分配到各注水井。在开发过程中，不断监测水的前沿的推进速度，必要时做些调整，以使两边的水不但均匀推进，而且两边的水线同时达到背斜构造的背轴线上。

关于齐 40 汽驱试验中的泵效、供液问题的分析

(2000 年)

2000 年 9 月下旬,在辽河油田齐 40 现场开了一次汽驱试验的讨论会,会上大家一致认为,当前影响汽驱试验效果的最大问题是采注比达不到设计指标。而采注比达不到设计指标的主要原因有三个:一是试验区新钻的井污染严重,其产能普遍低于老井;二是泵效低,而泵效低的原因可能是泵的沉没度对稠油来说太小;三是有些井供液能力不足。对大家分析的第一个原因我认同,但对第二个和第三个原因我有些怀疑并提出了异议。因此我向试验组的同志们要了有关分析这些问题的资料,要做进一步分析。随后把分析结果反馈给了现场试验管理人员。他们根据我的分析,采取了加强泵的检修、加深泵挂、换大泵、加强排液等措施,使采注比从原来的 0.7 提高到 1.0,大大改善了汽驱效果。下文就是我当时对泵效的分析。

关于泵效问题的分析

采油过程中的泵效是一个大问题。稠油开采到底能达到多大的泵效,什么因素影响着泵效,找出主要影响因素,对提高泵效、降低成本、有效的举升将有重要意义。因此,利用欢喜岭采油厂 2000 年 8 月的资料,进行了有关泵效的分析。

影响泵效的因素很多,可能的因素有沉没深度、含水、工作参数、产液温度以及泵的质量和故障。

首先分析了含水,发现含水与泵效没有一定的规律,说明试验井组各井含水大都在 90% 以上的情况下,含水对试验井组的泵效没有大的影响。

其次分析了工作参数的影响。做了泵效与冲程/冲次比的关系,也没有规律可言,说明在试验井组各井的工作参数范围内,工作参数对泵效也没有大的影响。

随后也分析了产液温度的影响,产液温度高的井,如 9-025 井、8-024 井和 7-027 井泵效并不低,也说明了温度在目前还不是主要影响因素。

最后分析了沉没深度与泵效的关系。发现沉没度对泵效影响很大(图 1)。以

不同沉没度的最高泵效（这样可排除泵的故障和其他因素的影响），代表了不同沉没度可达到的泵效），划一条曲线，得到图1中的实线。

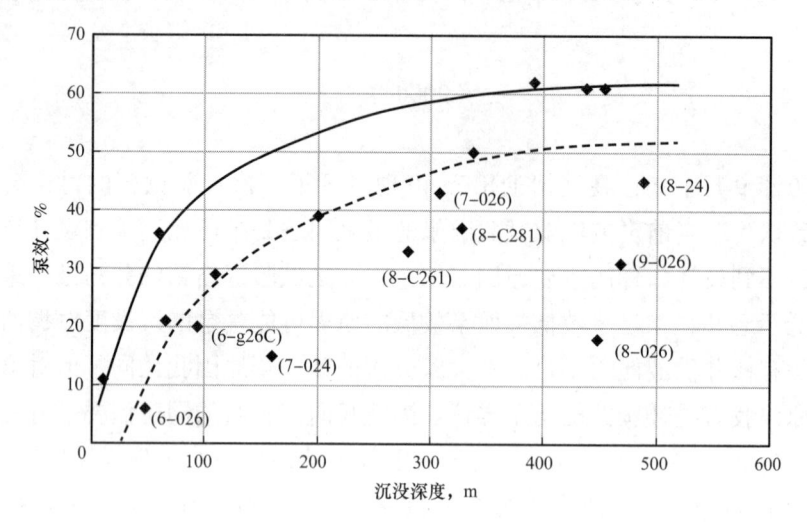

图1 沉没度与泵效的关系曲线

由该曲线看出，一般说来，随沉没度的增加，泵效提高。但是在沉没度小于100m之前，随着沉没度的增加，泵效提高幅度大，而100m之后随着沉没度的增加，泵效提高幅度变小。从稠油热采要求来说，泵效40%以上就应该算不错了，所以，沉没度60m就可达到可接受的泵效了。目前试验区井的沉没度大多在100m以上，所以泵效低不是沉没度的问题。

如果我们以低于最高泵效10个百分点以上认为泵的工况存在问题，那么落在图1中虚线右下方的井都为泵的工况有问题的井。这些井包括8-24井、9-026井、7-024井、8-026井、8-C261井、8-C281井、6-026井、6-g26C井和7-026井共9口井，占17口生产井的53%。

通过以上分析，得出以下结论：

（1）泵的沉没度是影响泵效的重要因素，但并不是主要因素。只要泵的工况好，60m沉没度即可达到可接受的泵效。

（2）目前泵效低的主要原因是泵有严重问题的井太多。这不但造成了很大的浪费，而且严重地影响了有效的举升。其可能原因是泵的故障或泵的漏失量太大造成的，应对故障泵及时检修，对高含水的井应及时换成缝隙较小的泵。

关于井的供液问题

首先要明确供液不足的定义。这里把供液不足定义为，在排空生产的条件下一直达不到配产要求的井为供液不足井。对那些没有发挥油井最大产能或因油井故障而达不到配产要求的井不能认为是供液不足。

为了分析这一问题，利用欢喜岭采油厂2000年8月提供的资料，制成表1，其中配产液量是这次调整方案的配产液量，历史最高产液量是从转驱以来油井曾达到的月平均产液量，括号内的数据是8月份资料里没有而补充的6月份的数据。

表1　试验井组各井产液情况表

井号	配产液量 t/d	目前产液量 t/d	目前液面深度 m	历史最高产液量 t/d	井况
10-26C	20	（0）	—	24	套变
9-025	25	39	627	52	
9-25	30	50	554	52	
8-024	25	47	518	45	
8-24	20	30	506	49	
9-026	25	27	483	48	
8-025	30	12	900	25	
7-024	20	12	865	19	
9-27C	30	（12）[①]	—	29	套变，错位
8-026	40	8	540	35	
8-C261	60	31	637	50	套变，悬挂器773m
7-025	40	30	893	49	井底有堵
7-25	30	50	582	54	
8-027	30	（27）[①]	（800）[①]	33	因出砂严重正大修
7-026	35	49	646	50	
6-025	40	30	778	45	
8-C281	20	21	595	28	套变，悬挂器812m

续表

井号	配产液量 t/d	目前产液量 t/d	目前液面深度 m	历史最高产液量 t/d	井况
7-027	30	16	892	34	井底有堵
7-27	30	3	932	29	套变，有落物
6-026	20	3	936	36	出砂严重
6-g26C	20	16	938	26	出砂严重

① 借用临月数据。

由表1数据看出：

（1）目前产液能力大于或等于配产液量的有8口井，它们为：9-025井、9-25井、8-024井、8-24井、9-026井、7-25井、7-026井和8-C281井。这些井供液没有问题。

（2）目前虽完不成配产，但历史上曾达到或基本达到配产要求的井有12口，它们是：10-26C井、7-024井、9-27C井、8-026井、8-C261井、7-025井、8-027井、6-025井、7-027井、7-27井、6-026井和6-g26C井。

（3）只有8-025井，历史最高产液量25t/d，配产30t/d，达到配产有一定困难，它属于供液能力不足。其原因可能是油层连通和油层物性或油井污染问题造成的，需查找原因并采取相应的措施。如属于连通问题，需补射；如属于油层物性问题，需进行增产措施；如属于污染问题，需吞吐解堵或酸化解堵等。

（4）对供液能力没有问题而目前完不成配产要求的12口井，具体分析如下：

① 目前液面偏高，降低液面就可完成配产的井有4口，它们是：7-024井、8-026井、8-C261井和6-025井。

② 油井故障，需要修井的井有5口，它们是：10-26C井、9-27C井、8-027井、7-27井和6-026井。

③ 井底有堵塞（可能为砂堵），需要解堵的井有三口：7-025井、7-027井和6-g26C井。

结　论

从以上分析看，油井供液能力基本没有问题。完不成配产的主要原因是，油井和抽油泵的故障多，没有有效地把井排空。

对胜利油田乐安油藏开发的一点看法和建议

(2000年)

应胜利油田霍总邀请，参加了胜利油田的"乐安油藏开发研讨会"。参加会议的有胜利油田地质院、钻采院和现河采油厂的同志们。在这个会议上，我谈了对这个油藏开发中的一些问题的看法，并提出了一些建议。由于没有讲稿，会后回忆了一下讲的主要内容，要点如下：

(1) 根据乐安油藏基本特征、技术水平以及蒸汽吞吐的开发经验，在目前140~200m井距条件下，现行蒸汽吞吐的采收率达不到乐安油藏预测的20%的采收率。所以预测偏高可能是标定储量偏低造成的。估计乐安油藏的实际储量可能为标定储量的1.3~1.4倍。

(2) 目前进行的蒸汽驱试验，从其预测采收率只有15%（标定储量的）以及汽驱特征（生产含水高、油汽比低）看，目前进行的汽驱试验并没有真正实现蒸汽驱，而是热水驱。热水驱的开发效果和经济效益会比蒸汽驱差得多。

(3) 从乐安油藏的基本条件看，该油藏是适合蒸汽驱开发的。特别是有效厚度大于10m，净总厚度比大于0.5的区域内。要使乐安油藏取得更好的开发效果和经济效益，必须按成功蒸汽驱4条件重新设计蒸汽驱方案。初步估计，如果能满足汽驱4条件，乐安油藏的蒸汽驱采收率可达50%以上。

(4) 对目前的汽驱与真正汽驱的经济效益，在必要的假设下做一初步估算：

假设：面积为1km^{2}的油藏，储量为$200×10^4$t，目前井网为100m井距的正方形井网，新的汽驱为70m井距的正方形井网，操作费用两种汽驱相同，都为6%OOIP（新的方案比原方案井网密度增加1倍，但开发时间缩短1倍）；两个方案的注汽量相同，生产蒸汽烧油8%OOIP；从100m井距加密成70m井距需钻新井100口，每口井钻完井费为150万元，税后售油油价为700元/t。在以上假设条件下：

目前进行的汽驱的效益

$200×10^4$t×（15%-8%-6%）×700元/t=$1400×10^4$元

新汽驱的效益

$200×10^4$t×（50%-8%-6%）×700元/t-100井×$150×10^4$元/井=3.54亿元

由以上两种开发的经济效益概算看出,目前进行的蒸汽驱收益很小,而真正实现蒸汽驱的经济效益是巨大的,1km² 油藏可增加收益超过 3 亿元。

(5)鉴于以上新蒸汽驱的开发效果和经济效益,建议尽快设计并实行新的蒸汽驱,并且建议要进行以下工作:

① 首先抓紧进行真正蒸汽驱的方案研究和设计工作。

② 在研究的基础上,设计 4 个 70m 井距的反九点井组的先导试验。

③ 在先导试验取得预计效果(2~3 年)的基础上,再根据先导试验的经验和问题,设计油层 10m 厚度以上区域的蒸汽驱方案并分区实施。

④ 对油层厚度小于 10m 的区域,可研究水平井的汽驱或火驱开发。

⑤ 该油藏水侵比较严重,尽管水淹区产水严重,但采出程度很低[估计只有 3%~5%(OOIP)],因此水淹区仍是富含油区,对这些区域仍要研究进行蒸汽驱开发的问题,切不可放弃。

⑥ 为防止水的进一步侵入,边部应加钻一些排水井,使水区地层压力与油藏内部压力保持平衡状态。

兴隆台油田开发的潜力分析

（2005年）

兴隆台油田大约在20世纪70年代初投入开发，到目前已开发了30多年，已到了开发后期，进一步挖潜已迫在眉睫。为了解决兴隆台油田水驱是否还有潜力可挖、潜力有多大、主要潜力在何方等问题，受兴隆台采油厂总地质师委托，我邀请了李道品、王平、刘雨芬、陈元千几位老专家组成一个咨询小组，赴辽河油田兴隆台采油厂进行了咨询工作。会上各专家都发表了自己很有建设性的意见。下文为我的发言内容。

兴隆台油田水驱采收率到底应多少

要解决兴隆台油田是否还有水驱潜力，首先必须对兴隆台油田的水驱采收率有个基本估计。

兴隆台油田的基本情况是：

油藏埋深2000m左右；为中高孔隙度、中高渗透率的砂岩油藏，孔隙度21%，渗透率780mD，油层平均厚度15m；原始含油饱和度75%，地层油黏度2.6mPa·s。目前开发井网密度为8.6井/km²（井距约350m），以水驱为主，目前平均采出程度32.8%，综合含水91%，采油速度0.24%。看来难以达到标定的最终采收率38.6%的指标。我们认为，在目前开发条件下该油藏水驱的最终采收率只能达到36%左右。

要了解兴隆台油田的潜力，必须对像兴隆台这样的油藏在井网完善的条件下水驱应有的采收率有个准确的评估，为此，本文采用了几个经验公式：

[中]中国石油勘探开发研究院水驱经验公式

$$E_R = 0.6031 e^{-0.02012 S}$$

[美]水驱经验公式

$$E_R = 0.2719 \lg K + 0.25569 S_{wi} - 0.1355 \lg \mu_o - 1.5380 \phi - 0.00114 h_o + 0.11403$$

[苏]谢尔卡乔夫水驱经验公式

$$E_R = E_D e^{-aS}$$

式中　E_R——水驱油藏采收率；

S——井网密度，井$/km^2$；

K——油层渗透率，mD；

ϕ——孔隙度；

S_{wi}——束缚水饱和度；

μ_o——地层油黏度，mPa·s；

h_o——油层厚度，m；

E_D——水驱油效率；

a——比例系数，$a=0.083-0.0208\lg\dfrac{K}{\mu_o}$。

将兴隆台油田参数代入上述各公式，得到水驱油藏采收率，[中]石油勘探开发研究院公式：48%，[美]经验公式：51%，[苏]谢氏公式：49.4%，平均49.5%。

兴隆台油田井网较完善的大断块的开发效果表明，其水驱最终采收率也能达到50%，说明，兴隆台油田在注采井网完善的条件下，水驱最终采收率应为50%左右。

但是，兴隆台油田开发实际效果，水驱最终采收率只有36%，其原因是断层的影响。统计结果表明，大断块（面积大于1.0km²）的平均水驱采收率45%；中等断块（面积0.5~1.0km²）的平均采收率30%；而小断块（面积小于0.5km²）基本为溶解气驱，其采收率20%左右。

各类断块的潜力分析

统计表明，不同类型断块的开发效果有巨大差异，但是差异不等同于潜力，还要对不同类型断块的潜力做一分析：

（1）大断块。这类断块注采井网大都比较完善，平均水驱采收率已达45%，已接近其理想条件下的水驱采收率50%的水平，所以这类断块潜力比较小。在这类断块中，只有那些注采井网不太完善，目前水驱条件下采收率不到40%的断块，通过加密井网或打一两口调整井完善注采井网，还能把水驱采收率提高5%~8%。

（2）中等断块。由于这种断块面积相对较小，加上井位与断块形状配合程度的影响，这种断块一般来说现有的注采井网都不够完善，所以水驱效果一般也都不够好，这类断块的水驱最终采收率平均只有30%左右。如果把这一类断块的井网加密（例如加密到20井/km^2），得到比较完善的注采井网，加密后的水驱采收率同样可以提高到45%～50%。即这类油藏通过加密可以提高水驱采收率15%～20%。因此这类断块是兴隆台油层挖潜的主要对象。

（3）小断块。由于断块小，每个断块上一般只有一两口井。有的有一口注水井，大多没有。所以这类断块主要是在溶解气驱下开发，其采收率一般都很低，不到20%。这类断块采收率最低，是否潜力最大呢？我们分析不是。因为这种断块面积很小，储量少，经济上一般不允许再多钻几口井，有的断块即使再钻上一两口井，转注一口，也形成不了较完善的注采系统，不会提高多少采收率（中等断块因注采井网不太完善水驱采收率只有30%就是证明），因此建议这类断块暂时不要作为挖潜对象。

挖潜的经济效益评估

为便于考虑挖潜的经济效益，我们考虑1km^{2}油藏的情况。根据兴隆台油层的基本油藏参数，1km^{2}油藏的储量大约为200×10^{4}t。

一些基本设定：钻一口井费用为200万元/井。每平方千米需钻井12口（加密成20井/km^2）；加密水驱与目前水驱的操作费相同（因开发速度与井网密度成反比，加密水驱虽然因井多了单位时间操作费多了，但开发期短了，所以两种开发条件下的操作费应该一样）；设税后售油油价为700元/t。

1. 加密水驱提高采收率的经济下限

根据收入和支出列式如下：

$$200 \times 10^4 t/km^2 \times \Delta E_R \times 700 \text{元}/t - 200 \times 10^4 \text{元}/\text{井} \times 12 \text{口井}/km^2 > 0$$

解该式得：$\Delta E_R > 1.7\%$，即加密水驱必须提高采收率1.7%OOIP以上才能进行。

2. 中等断块加密水驱的经济效益评估

列式如下：

$$200 \times 10^4 t/km^2 \times 15\% OOIP \times 700 \text{元}/t - 200 \times 10^4 \text{元}/\text{井} \times 12 \text{口井}/km^2 = 1.86 \text{亿元}/km^2$$

即中等断块加密水驱一平方公里可增加收益1.86亿元。

结　论

　　通过以上初步考虑，认为兴隆台油田的开发还有改进的地方，其主要挖潜对象是中等断块，措施是加密井网。进一步完善注采井网，能取得巨大经济效益。对大断块，只有井网相对不太完善、目前水驱采收率预测只有 40% 左右的断块，加密水驱预测提高采收率 2% 以上的区块，可以实施加密水驱。小断块相对储量小，挖潜又困难、效果不一定好，可以暂不考虑。

新疆九6区齐古组蒸汽驱中后期剩余油分布规律及提高开发效果研究

(2005年)

九6区齐古组油藏自1989年6月投入吞吐开发，1996年在轴部进行了大面积的加密调整，1998年5月将加密区转入蒸汽驱开采，开辟了我国特稠油油藏规模蒸汽驱开采的先例。

九6区现行蒸汽驱开发已进入中后期阶段，开发效果变差。现场已开展了多项调整措施，也见到了一些效果，但起不到大的作用。为提高蒸汽驱的最终开发效果，还需进行整体的开发调整。为此，开展了"九6区齐古组蒸汽驱中后期剩余油分布规律及提高开发效果研究"项目的研究工作。

通过该课题的研究，汽驱区原始储量修正为 780×10^4t。目前（2005年5月）已采出41%（OOIP）[1]，仍有60%的储量留在地下，而且绝大部分（约占总剩余油量的75%）属于未被蒸汽波及的剩余油。多种开发方式优选结果表明，常规蒸汽驱可以大幅度提高采收率20%以上。目前的井网适合常规蒸汽驱。

研究过程中，得到了新疆油田重油公司地质研究所的大力配合和支持，在此表示谢意。

研究报告存在的不足之处，恳请各位领导和专家批评指正。

油藏基本特征

1. 地理位置和环境

克拉玛依油田九6区齐古组油藏，位于克拉玛依市东北约50km处，处于克拉玛依油田九区的东北部，北与九7区、东与九9区、西与九4区相邻，动用含油面积5.5km²。

该区地面浅丘起伏，山脊、冲沟均较发育，地表多为第四纪戈壁砾石，地面海拔为265～318m，平均270m，独—阿公路、通信、电力线路、明暗水渠及克—白

---

[1] OOIP——石油原始地质储量。

输油管道等设施横贯油田。

2. 地层特征

齐古组为一套辫状河流相沉积，沉积厚度60～150m，平均100m，由东向西沉积厚度逐渐变厚。根据齐古组岩性组合及沉积旋回，自下而上划分为 J_3q_3，J_3q_2 和 J_3q_1 三个正韵律砂层组，其中 J_3q_3 只在部分井区发育，J_3q_2 为主要含油层，J_3q_1 在该区部分被剥蚀缺失，无油层分布。J_3q_2 砂层又细分为 $J_3q_2^2$ 和 $J_3q_2^1$，其中 $J_3q_2^2$ 是工区内的主要油层发育段，自下而上又划分为 $J_3q_2^{2-3}$，$J_3q_2^{2-2}$ 和 $J_3q_2^{2-1}$ 三个单砂层（表1）。

表1　九6区齐古组分层表

界	系	组	地层		
			砂层组	砂层	单层
中生界	侏罗系	齐古组	J_3q_1		
			J_3q_2	$J_3q_2^1$	
				$J_3q_2^2$	$J_3q_2^{2-1}$
					$J_3q_2^{2-2}$
					$J_3q_2^{2-3}$
			J_3q_3	$J_3q_3^1$	
				$J_3q_3^2$	

$J_3q_2^2$ 层：是齐古组的主要含油层段，全区分布较稳定，地层厚度28～63m，平均45m，下部 $J_3q_2^{2-3}$ 含油范围小，电阻率曲线为中低阻，自然电位为中高负异常。中上部 $J_3q_2^{2-2}$ 和 $J_3q_2^{2-1}$ 是该区主要含油层段，电阻率曲线表现为块状高阻，自然电位中高负异常。

3. 构造特征

构造相对简单，构造形态基本为一由西北向东南缓倾的单斜构造。构造高点埋深100m，海拔170m，地层倾角3°～5°。

4. 储层岩性与物性特征

1）岩性特征

九6区齐古组油层的主要岩性为中—细砂岩、砂砾岩、粉砂岩。非油层主要为泥岩、砂质泥岩及致密夹层。

碎屑颗粒分选为较好—好。磨圆度为次棱角—次圆状。胶结物为方解石、黄铁矿。胶结程度疏松，胶结类型以接触—孔隙式为主，孔隙式—接触式次之。泥质成分以高岭石为主，伊利石和绿泥石次之。

2）物性特征

根据九6区取心井的油层物性分析，齐古组储层为高孔隙度—特高孔隙度、高渗透率储层。$J_3q_2^{2-2}$层油层孔隙度范围在24%～36%，平均32%，渗透率平均2000mD。纵向上，$J_3q_2^{2-1}$小层物性最好，$J_3q_2^{2-2}$较好，$J_3q_2^{2-3}$次之。油层非均质性严重，平面上渗透率级差达6.5。

3）油层与隔夹层展布

（1）油层分布。

纵向上J_3q_1层无油层分布，J_3q_3层只在个别井点有。油层集中分布在$J_3q_2^2$层，其中又以$J_3q_2^{2-1}$和$J_3q_2^{2-2}$层为主要目的层，$J_3q_2^{2-3}$层为次要目的层。

$J_3q_2^{2-1}$层：单井油层厚度一般3.0～12.0m，平均7.4m，分布范围广。

$J_3q_2^{2-2}$层：单井油层厚度一般4.0～12.0m，平均7.0m。分布范围广。

$J_3q_2^{2-3}$层：单井油层厚度平均3.2m。分布范围小，多呈"土豆状"分布。

（2）隔夹层分布。

在九6区内，$J_3q_2^1$与$J_3q_2^2$之间的隔层较为稳定，$J_3q_2^2$的三个小层之间以及小层内部无稳定的隔夹层。隔夹层岩性以致密砂岩、泥质砂岩为主。

$J_3q_2^{2-1}$层的盖层，为$J_3q_2^{2-1}$层顶部沉积的泥岩及泥质砂岩。分布稳定，厚度一般在14～30m。

$J_3q_2^{2-1}$和$J_3q_2^{2-2}$之间的隔层为致密泥岩，平均厚度为1.6m，从北向南呈条带状分布。

$J_3q_2^{2-3}$与$J_3q_2^{2-2}$之间的隔层为泥岩和致密砂岩，平均1.3m。分布较厚的区域是不规则的零星分布，较薄的区域呈片状连接。

4）油藏类型

九6区块齐古组油藏主要受岩性及构造控制，为构造—岩性层状油藏。

5）流体性质

九6主体部位原油密度变化在0.9147～0.968g/cm³，平均0.9401g/cm³；20℃下地面油黏度为4562～84982mPa·s，平均21097mPa·s；凝固点112℃；初馏点246℃。属于特稠油。汽驱区北部黏度略高，为23366mPa·s；中部和南部略低，分别为17142mPa·s和20236mPa·s。

地层水为$NaHCO_3$型，矿化度为4972mg/L。

6）温度压力

根据96517井测温测压资料，油层中部175.5m，原始地层压力为1.8MPa，油层温度为22℃。

7）储量

按新疆油田勘探开发研究院上报地质储量的报告（2002年底），动用含油面积5.5km^2，储量1545×10^{4}t。储量计算参数为：油层厚度13.4m，孔隙度30%，原始含油饱和度76%，地面油密度0.945g/cm^3，体积系数1.027。

其中，汽驱区含油面积1.6km^2，储量522.3×10^{4}t，吞吐区含油面积3.9km^2，储量1022.7×10^{4}t。

油藏开发基本概况

1. 开发历程

（1）1989年6月采用100m井距正方形井网投入蒸汽吞吐开发。部署开发井450口，动用含油面积5.5km^2。

（2）1996年在轴部地区进行了大面积加密，钻井179口，使轴部地区成为70m井距正方形井网继续吞吐。

（3）1998年5月将加密区的中部和南部转入汽驱，共转59个井组。

（4）2000年底又将加密区的北部转入连续汽驱，共转26个井组。

（5）2001年开始进行汽驱综合治理，主要措施有间歇注汽、脉冲注汽、停注及吞吐引效。

2. 主要开发试验及监测

1）主要开发试验

在采用蒸汽吞吐方式开发的同时，为寻求下步开发方式，开展了开发试验。主要有：

（1）1990年开辟了以96194井为中心的50m井距的蒸汽吞吐试验区。

（2）1990年开辟了以96517井为中心的50m井距反五点井组的汽驱试验区。

（3）1993年开辟了以96126井为中心的70m井距反九点井组的汽驱试验区。

这些试验为该区的加密吞吐和汽驱提供了实践经验。

2）主要监测工作

除了日常的生产监测外，主要的监测工作如下：

（1）检查井情况。

为进一步了解九6区齐古组油藏蒸汽驱中后期剩余油分布，在九6区南部九井组的试验区，于2004年8月钻了一口取心井（96988井）。该井位于注汽井96112井和生产井96126井之间。之所以在该位置钻检查井，是因为对应的注汽井和生产井都比较正常，且该生产井与周围生产井相比效果较好。钻检查井前该区域采收率为53%，取心井段为：204.23～227.43m。

19个有效样品分析，平均含油饱和度为46%，比原始含油饱和度74%降低了28个百分点。其中，$J_3q_2^{2-1}$层平均剩余油饱和度为40.43%，$J_3q_2^{2-2}$层平均剩余油饱和度为53.05%。

（2）相对渗透率测定。

取心井96988井的高温油水相对渗透率测定结果见表2。束缚水饱和度为20%左右，水驱残余油饱和度为20%。

表2　取心井96988高温油水相对渗透率测定结果

取样深度 m	温度 ℃	束缚水饱和度 %	残余油饱和度 %	残余油下水相渗透率
218.9	80	23.2	21.3	0.013
	150	20.6	21.1	0.034
	200	19.1	19.9	0.071
227.13	80	22.5	21.0	0.008
	150	20.1	20.0	0.014
	200	18.5	18.7	0.026
209.28	80	27.9	21.5	0.016
	150	24.6	21.3	0.029
	200	21.7	20.9	0.066

3. 开发效果及现状

经统计，全区从投产到2005年5月底，累计注汽$1971×10^4$t，累计产油$493×10^4$t，累计产水$2367×10^4$t，累计油汽比0.25，按标定储量（$1545×10^4$t）计算，汽驱区、吞吐区的开发情况见表3。

表3 全区开发效果统计表（截至2005年5月）

区域	采油井口	注汽井口	累计注汽 10^4t	累计产油 10^4t	累计产水 10^4t	累计产液 10^4t	油汽比	采出程度 %
汽驱区	316	98	1343	322	1411	1733	0.24	61.6
吞吐区	344		629	171	956	1127	0.27	16.7
全区	660	98	1971	493	2367	2860	0.25	31.9

截至2005年5月底，九6区齐古组油藏动用含油面积5.5km²，动用储量1545×10^4t。九6区目前总井数766口，其中采油井662口（汽驱采油井342口，吞吐采油井320口），注汽井98口。目前采油井开井数462口（汽驱采油井开井278口，吞吐采油井开井184口）；停关井200口。单井产量都在1t/d左右，汽驱和吞吐都到了无效开发时期，亟待寻找新的开发方式。

油藏工程分析

根据油藏工程基本理论及开发经验，对上述油田提供的油藏描述和开发基本情况进行了分析，找出其中可能存在的问题并进行修正，以得到真实的油藏特征和真实的开发效果，为提出符合油藏实际的调整措施奠定基础。

1. 储量分析

根据前述的油藏基本特征和开发基本情况，认为蒸汽驱区标定的储量522.3×10^4t偏低，依据是：

（1）油层有效厚度下限过严，导致计算储量的油层厚度小。

九6区的储量评估中，油层厚度下限的电阻率不低于40Ω·m。而蒸汽驱开发中发现，电阻率低于40Ω·m的二类储量也为产油层。另外，据上述油藏基本描述中说，$J_3q_2^2$层平均厚度为45m，$J_3q_2^{2-1}$与$J_3q_2^{2-2}$小层、$J_3q_2^{2-2}$与$J_3q_2^{2-3}$小层间的隔层厚度分别为1.6m和1.3m，各小层内部基本没有夹层发育。因此J_3q_2油层组的油层厚度决不会只有15m。初步估计纯油层厚度可能为20多米。

（2）所给的原始含油饱和度偏低。

储量计算中给定的原始含油饱和度为76%，即束缚水饱和度为24%。由国外的开发经验可知，稠油油藏原始含油饱和度一般都比较高，平均在85%左右。而该油藏属于高孔隙度高渗透率疏松砂岩稠油油藏，其束缚水饱和度不会这样高，应该在20%以下,即原始含油饱和度应在80%以上。检查井96988井的相对渗透率实验数据也表明,束缚水饱和度在20%左右。

(3)开发特征表明,采出程度过高,也说明储量偏低。

就汽驱区而言,吞吐阶段采出程度达到39.2%,汽驱阶段采出程度为22.4%,2005年初已达61.6%。从吞吐生产情况及汽驱特征基本呈热水驱特征的状况看,其采出程度都不可能如此高,也说明储量大大偏低。

(4)检查井资料表明,储量偏低。

对于稠油油藏,原储量若正确,则利用储量和产油量计算出的剩余油饱和度应该与实测剩余油饱和度一致。若两种算法不一致,则说明原储量有问题。

从前面检查井所描述的位置、对应注入井和生产井的情况看,该井处的开发效果要好于全井组的,其剩余油饱和度应低于全井组的。就以该井的剩余油饱和度46%、原始饱和度76%估算,其采出程度只有39%,即使按修正的原始含油饱和度80%计算,其采出程度也只有44%,而绝不是标定储量的61.6%。这也充分说明了标定储量的偏低。

通过试算得知,只有把原始含油饱和度修改到80%,将油层厚度修改为原来的1.3倍,即将标定储量增大0.5倍,计算采收率与实测采收率才基本一致,即两种方法计算的采收率均为42%。

(5)储量修正结果。

经以上各参数的修正,汽驱区储量修正为原标定的1.5倍,即780×10^4t左右。

2. 蒸汽驱开发水平分析

(1)根据蒸汽驱生产动态特征,我们认为没有真正实现蒸汽驱。

该区的蒸汽驱生产特征不符合成功蒸汽驱的生产特征。一般而言,成功蒸汽驱的生产特征对前期蒸汽吞吐的油藏是转驱后半年左右产量达到高峰,高峰期持续2年左右后开始缓慢递减,一直到极限油汽比。高峰期的采油速度一般为7%~8%(OOIP)。该区的生产动态表明,转驱后产量上升幅度很小,高峰期采油速度不到3%(OOIP),之后一直处于低速生产,这正是水驱稠油的生产特征。

(2)从注采参数看也没有真正实现蒸汽驱。蒸汽驱经验告诉我们,一个完整的蒸汽驱过程需要注入1.1PV~1.2PV的蒸汽,且纯油层的注汽速率需要大于2.0t/(d·ha·m)。而该区实际只注入了0.8PV,且纯油层的注汽速率仅为0.91t/(d·ha·m)。这样低的注入量和注汽速率,在油藏中不可能形成大的蒸汽腔(取心井资料已经证明了这一点),因此也就不可能实现蒸汽驱。

3. 小结

根据以上油藏工程的分析，得出这样的认识：

（1）标定储量大大偏低，需要修正。修正后汽驱区的储量约为 780×10^4t。

（2）按照修正后的储量，汽驱区的采出程度为41.3%，其中吞吐阶段为26%，蒸汽驱阶段为15.0%，现有蒸汽驱没有实现真正的汽驱。

（3）在剩余油分布的研究中，需要以上述研究结果为基础，以得出符合实际的剩余油状况。

数值模拟研究

本次数值模拟采用加拿大CMG软件。

根据油藏特点，划分了三个区域（即北、中、南），建立了三个模型进行数值模拟研究。

1. 模型选择依据及结果

1）分区模拟原则及结果

分区原则：能代表不同油藏条件、不同开发历程的开发特征。

分区结果：在九6区共开展了89个蒸汽驱井组。虽然从北到南油层物性没有本质上的差别，但原油黏度有变稀的趋势。中部和南部于1998年转驱，而北部基本于2000年底转驱；南部有边水的影响，而中部和北部基本没有边水。因此分为北部、中部和南部三个区域。北部区域包括26个井组，中部区域包括33个井组，南部区域包括30个井组。

2）数值模拟井组选择

由于受模拟工具的限制，目前难以做到整个分区区域的模拟，因此必须在每个分区选取代表井组进行模拟。权衡工作量和代表性，决定每个区选择4个相邻井组。

为了使所选井组能代表该区的生产特征，所选井组的油藏条件及开采动态要与本区基本一致，而且北区和中区要尽量选取封闭井组（所选井的注采基本平衡，没有或很少内侵外溢），南区的模拟井组要选在边部，以模拟边水对蒸汽驱的影响。

选取结果：

（1）北区模型。在北区中部选取的4个井组为96317井组、96318井组、96282井组和96283井组（图1）。外部为同样汽驱井组所包围，可以看作是封闭的。

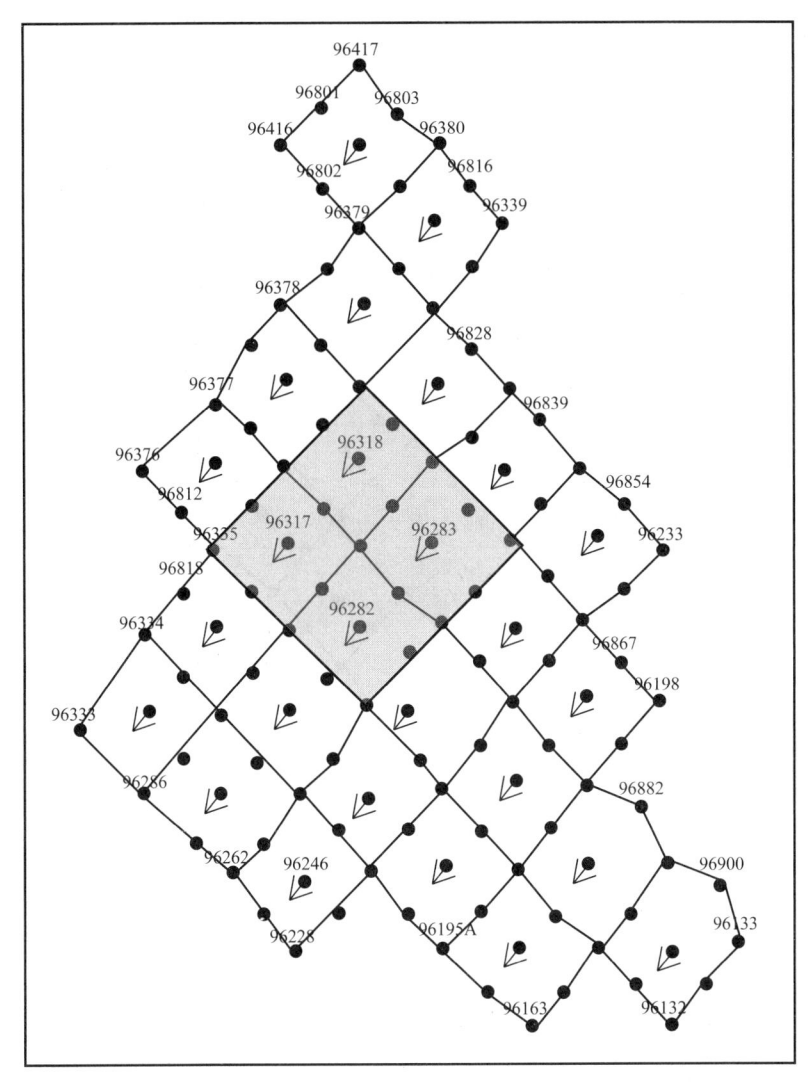

图1 北区数值模拟模型位置示意图（阴影部分为模拟井组）

（2）中区模型。在中区的内部选的4个井组为96143井组、96144井组、96175井组和96176井组（图2）。外部也为同样的汽驱井组所包围，可以看作是封闭的。

（3）南区模型。在该区的东南部选的4个井组为96008井组、96009井组、96025井组和96026井组，并在东南方向外扩了相同面积的吞吐区域作为模拟对象（图3）以模拟边水的影响。其他方向的外部均为相同的汽驱井组，基本可以看作是封闭的。

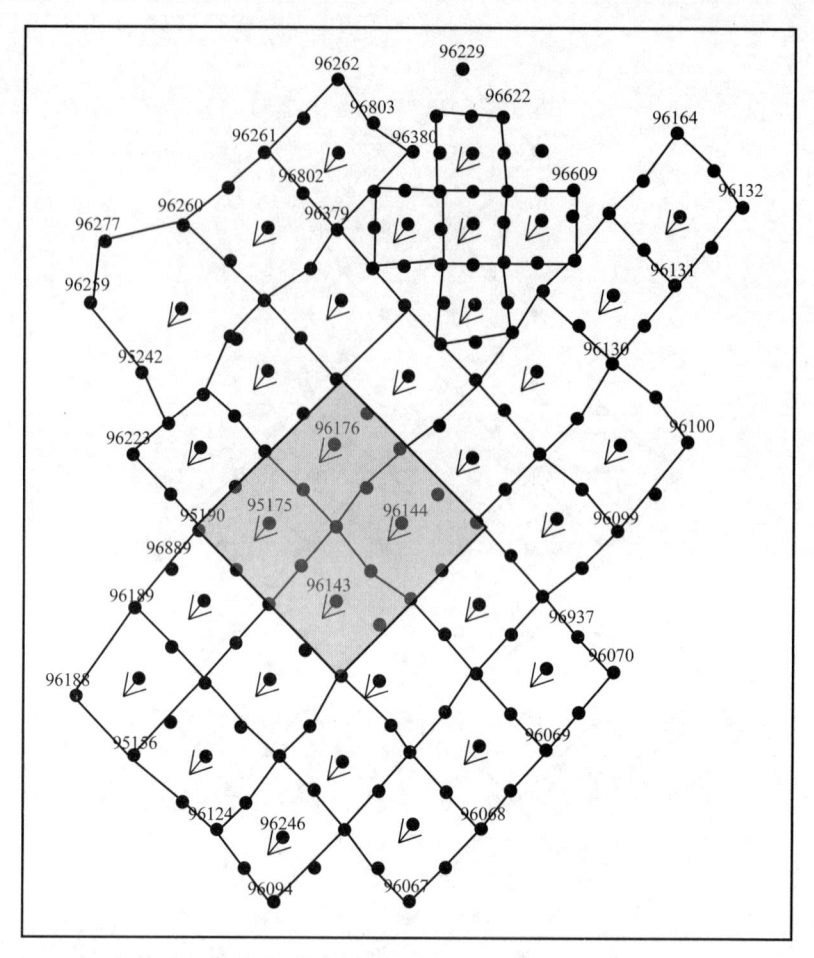

图 2　中区数值模拟模型位置示意图（阴影部分为模拟井组）

2. 模型网格的划分

考虑到井筒附近压力、温度和饱和度变化较大，而在井间区域变化较小这一特点，在平面上将模拟区网格划分成井附近网格密、井间网格疏的非均匀网格。

纵向上根据油层发育状况划分了 7 个模拟层，$J_3q_2^{2-1}$ 和 $J_3q_2^{2-2}$ 各划分两个层、$J_3q_2^{2-3}$ 一个层，它们中间有两个隔层。这样处理的目的是为了更好地模拟主力油层在蒸汽驱过程中含油饱和度的变化。网格划分结果：

北区模型，$36 \times 30 \times 7$ 个网格，网格节点数 7560 个。

中区模型，$34 \times 30 \times 7$ 个网格，网格节点数 7140 个。

南区模型，$33 \times 21 \times 7$ 个网格，网格节点数 4851 个。

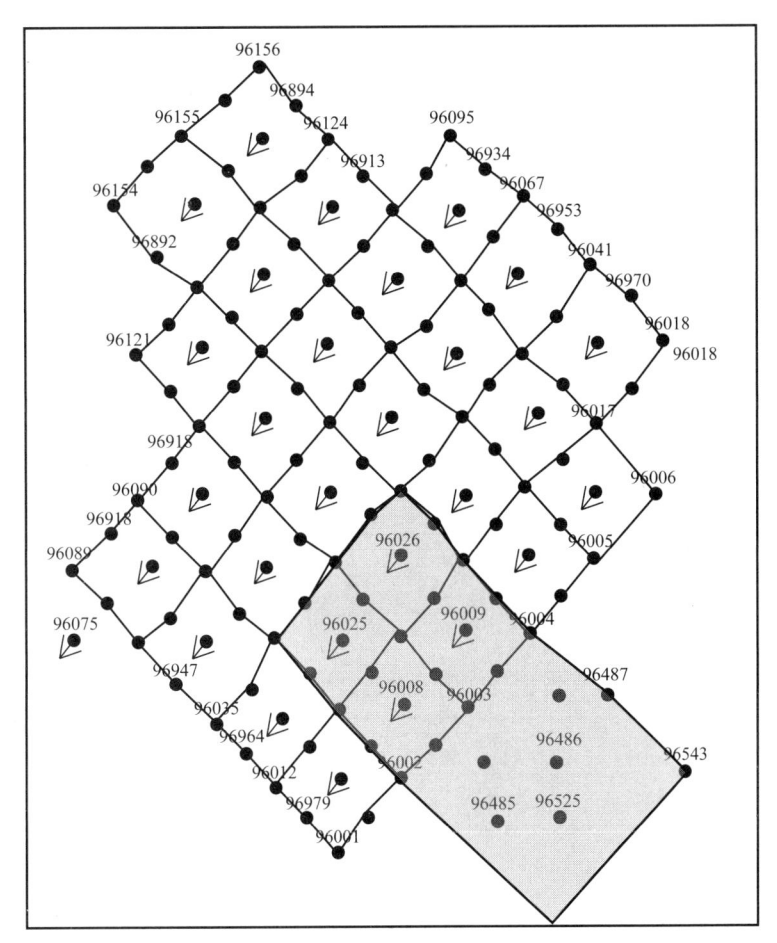

图 3　南区数值模拟模型位置示意图（阴影部分为模拟区域）

3. 参数的选取与修正

1）静态地质参数

模型中所有井的油层厚度参数均按二次测井解释结果给出。

考虑到二次测井厚度已比原始给定厚度有所增加，历史拟合中将各井点的油层厚度增加了15%。各网格块的参数用插值法给出。

孔隙度和渗透率各井点的值采用二次测井数据，网格值用插值法赋值。

含油饱和度：根据油藏工程研究的结论，主力含油层段赋值80%。

2）热物性参数

在进行数值模拟计算时，地层岩石及流体的热物性参数是必不可少的重要参数，其取值部分来自油田，部分选用标准参数值。模拟计算所用数据列在表4中。

表4 岩石及流体的热物性参数

参数项	取值
油层导热系数，J/(m·d·℃)	1.381×10^5
盖层导热系数，J/(m·d·℃)	1.3824×10^5
原油比热容，J/(m³·℃)	1.99×10^6
水比热容，J/(m³·℃)	4.188×10^6
油层比热容，J/(m³·℃)	2.54×10^6
盖层比热容，J/(m³·℃)	2.20×10^6
原油的热膨胀系数，K^{-1}	2.28×10^{-4}

3）黏温曲线数据

黏温数据见表5。

表5 模型中油的黏温曲线数据表

温度，℃	20	40	60	80	100	120
黏度，mPa·s	14801	2362	377	60	9.6	5.5

4）相对渗透率曲线数据

模拟计算所采用的基础相对渗透率曲线数据来自油田提供的检查井96988井的资料，历史拟合的过程中对其做了一些适当的修改。其中端点值为：冷水驱束缚水饱和度0.2，残余油饱和度0.25，水相端点值0.15。20℃热水驱束缚水饱和度0.24，残余油饱和度0.22，水相端点值0.13。200℃蒸汽驱束缚液饱和度0.24，残余油饱和度0.10，汽相相对渗透率端点值0.18。油水、油汽相对渗透率曲线如图4和图5所示。

4. 生产动态历史拟合

利用各区模拟井组的地质模型、数值模拟模型、流体和岩石热物性参数以及注采井的动态数据，对该区模拟井组的实际开发过程进行了历史拟合。整个拟合过程包括井组整体指标拟合和单井指标拟合两个部分。拟合的指标包括井组及单井的累计注汽量、累计产油量和累计产水量。

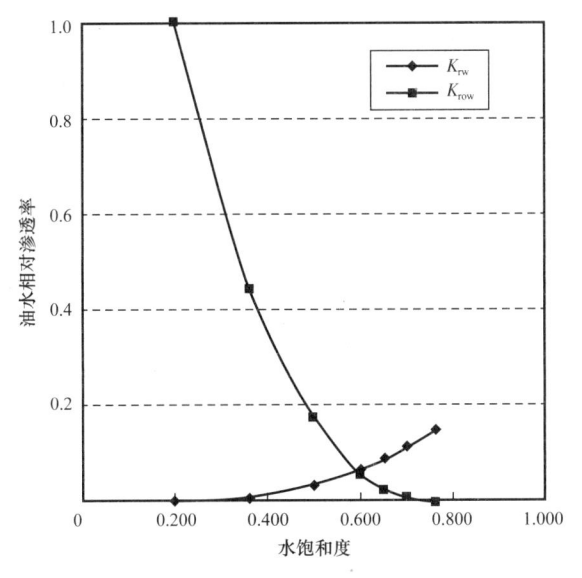

图 4　20℃的油水相对渗透率曲线

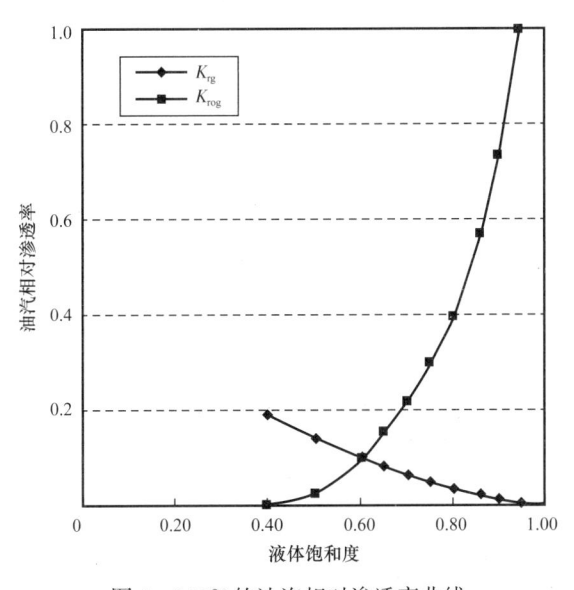

图 5　200℃的油汽相对渗透率曲线

历史拟合以实际注采条件及生产时间为基础,通过调整油层参数、油水相对渗透率和油汽相对渗透率及注汽量,对其储量、产油量和产水量进行了拟合。需要说明的是,由于注汽量所给的是配注量,而实际实施中由于没有单井控制和计量,不够准确,拟合中根据各井的动态做了适当调整。

对北区和中区模型蒸汽驱阶段的注汽量进行了小的调整。方法是：根据井组的产液量和采注比为1.1来确定注汽量。依据是：这两个区基本没有受到边水的影响，汽驱过程中压力略有下降，地下基本应为注采平衡。因此可以按产液量的0.9倍来确定注汽量。南区模拟井组有边水，边水的侵入，采注比必然增高，因此对注汽量未做改动。

北区模型，模拟计算地质储量为 $46.5 \times 10^4 t$，历史拟合结果见表6。

表6　北区模型历史拟合结果

参数	实际值 $10^4 t$	模拟值 $10^4 t$	绝对误差 $10^4 t$	相对误差 %
注汽量	63.4	62.6	0.8	1.26
产油量	18.8	18.7	0.1	0.53
产水量	51	49.6	1.4	2.75
产液量	69.8	68.3	1.5	2.15

模拟计算的生产指标和实际生产指标较为接近，各项指标的相对误差均在允许的误差10%内，且从井组及单井对比曲线看，模拟结果与实际生产曲线的变化趋势基本一致。模拟的温度场与实际产液温度也基本一致。以上结果表明，模型所用参数基本符合油藏实际，有一定的可靠性，其模型可用于下一步的预测。

中区模型和南区模型的模拟与北区基本相同，这里不再重述，只给出模拟结果，见表7和表8。

表7　中区模型历史拟合结果

参数	实际值 $10^4 t$	模拟值 $10^4 t$	绝对误差 $10^4 t$	相对误差 %
注汽量	75.0	75.4	0.4	0.5
产油量	14.9	16.4	1.5	10.0
产水量	67.8	64.6	3.2	4.7
产液量	82.7	81.0	1.7	2.1

表 8 南区模型历史拟合结果

参数	实际值 10^4t	模拟值 10^4t	绝对误差 10^4t	相对误差 %
注汽量	84.9	84.9	0	0
产油量	13.1	14.4	1.3	9.9
产水量	89.7	85.6	4.1	4.6
产液量	102.8	100	2.8	2.7

剩余油分布研究

该部分为项目的核心研究部分。

剩余油是油田开发中后期挖潜的目标，搞清其多少及分布形态可以为挖潜提供明确的方向。纵观剩余油分布的研究方法，不同的油藏类型和不同的开发方式，所采用的方法也不同。对于新疆九6区这种浅层稠油油藏，在蒸汽驱方式下，只有采用针对该油藏该方式下的正确方法，才能认识清楚其剩余油量及其分布，从而达到制订下步技术对策的目的。这里从剩余油类型、研究方法、研究结果等几方面系统论述研究的内容。

1. 蒸汽驱方式下剩余油的类型及相对量分析

1）剩余油类型

对于蒸汽驱方式而言，由于井网较密，一般井距都在100m以下，汽驱后基本不存在"土豆型"和"阁楼型"的剩余油，其主要类型为"残余油型""弱波及型"和"未波及型"。

2）相对量分析

蒸汽驱的驱油效率很高，一般在85%~90%，残余油饱和度只有10%左右。在成功的蒸汽驱中，蒸汽的波及体积一般为油藏总体积的40%~50%，那么蒸汽驱的残余油量一般只有4%~5%（OOIP）。这部分剩余油不但数量很少，而且属于蒸汽驱的非可采部分，因此不在挖潜对象之列。

可挖潜的剩余油主要为"未波及型"和"弱波及型"的剩余油。具体而言，就是未被蒸汽和热水波及的"处女油"及水波及区中的水驱残余油。这部分剩余油的特点表现在三个方面：一是这部分剩余油数量大。如，一个汽驱采收率达到40%

（OOIP）的油藏，这类剩余油量为55%（OOIP）以上。即使汽驱效果较好的油藏[汽驱采收率达到60%（OOIP）]，这类剩余油也还有35%（OOIP）以上。二是剩余油的变化幅度大。如上面的例子，其变化范围为35%～55%（OOIP）。三是分布位置变化大。不同油藏在不同的汽驱实施情况下会分布于不同的油层或井点。

2. 蒸汽驱剩余油的研究方法

根据以上分析，我们认为，要给出准确的剩余油量及其分布，必须按照以下研究方法进行工作。

（1）要准确地确定出各种类型的剩余油量，首先必须精确确定原始储量。这需要重新考察油层孔隙度、含油饱和度及油层厚度下限的确定是否合理，再结合汽驱动态特征，综合确定原始储量。这一工作前文已有说明。

（2）要准确确定各类剩余油的相对量及其分布，必须准确确定水驱和汽驱的驱替特征（相对渗透率曲线）以及较精细的油藏描述和准确的汽驱效果。这一工作前面也已完成。

（3）根据蒸汽驱剩余油的特点以及现有剩余油研究方法的调研结果，我们认为，在目前的剩余油研究方法中，只有数值模拟方法结合蒸汽驱过程中的监测资料（包括检查井C/O测井、四维地震、注采剖面测试、检查井资料和动态数据），经综合分析，才能给出符合实际的剩余油量及其分布。

3. 剩余油研究结果

按照上述研究方法，对九6区各模拟区的蒸汽驱剩余油进行了系统研究。

1）纵向上动用状况分析

数值模拟结果表明，纵向上动用情况很好，而且上部油层动用更好，这一结果为吸汽剖面测试结果所证明。1号和2号模拟层生产井的温度基本在120℃以上，而下部的5号模拟层的温度在100℃左右。其饱和度变化与检查井（96988井）的含油饱和度剖面也基本一致。

2）平面上动用状况分析

北区模拟区：从2001年1月转驱至2005年5月，该模拟区累计注汽28.19×10^4t，为孔隙体积的0.52倍。从温度场看，上部油层（$J_3q_2^{2-1}$）温度大于190℃（这一温度接近油藏压力的饱和蒸汽温度）的范围约占井组面积的40%。下部油层（$J_3q_2^{2-2}$）温度大于190℃的范围约占井组面积的15%。

中区模拟区：从1998年5月转驱至2005年5月，该模拟区累计注汽51.16×10^4t，为孔隙体积的1.11倍。从温度场看，上部油层（$J_3q_2^{2-1}$）温度大于190℃的范围约占井组面积的65%。下部油层（$J_3q_2^{2-2}$）温度大于190℃的范围约占井组面积的30%。

由以上模拟结果看：一方面由于两区注汽量的不同，平面波及范围有很大差异，但高温区都比较小；另一方面，两个区上下层的高温区都有很大差异，上部大、下部小。

3）蒸汽和热水的波及体积分析

根据数值模拟的含油饱和度场图和驱替剂波及范围界定原则[1]，分析了蒸汽驱中蒸汽和热水的波及状况。采用的方法是：网格块剩余油饱和度小于20%的划分为蒸汽波及区，20%~55%的区域划为热水波及区，大于55%的划为未波及区。按照这一方法，对北区、中区和南区分别进行了统计。结果如下：

（1）北区。总体上看，波及范围很小。蒸汽波及范围仅占模拟区油藏体积的7.5%。热水波及范围占模拟区油藏体积的26.8%。未波及范围仍有孔隙体积的65.7%。这正是由于总注汽量少和注汽质量差还没有形成蒸汽驱的开发结果。

（2）中区。蒸汽的波及范围占模拟区油藏体积的15.0%。热水的波及范围占孔隙体积的36.8%，未波及范围为49.2%。总体上看，虽然中区波及程度比北区大些，但在注入1.1PV蒸汽量的情况下，波及情况还是很差，与成功蒸汽驱的波及情况相差甚远。这只能是注汽速率过低、或蒸汽干度低、或两者都低造成的。

（3）南区。蒸汽的波及范围最小，仅占模拟区油藏体积的3.5%，水驱波及范围占模拟区油藏体积的26.6%，而未波及范围达70.0%。说明南区靠近边水部位基本属于热水和边水驱，所以开发效果很差。

4. 剩余油量及其分布

根据以上分析，可以确定出不同区域的剩余油量及其分布特点。

（1）北区。模拟区总剩余油量27.8×10^4t，为原始储量的59.8%。其中，蒸汽波及区残余油量0.6×10^4t，占总剩余油量的2.3%；水波及区剩余油量5.7×10^4t，占总剩余油量的20.4%；未被波及区剩余油量21.5×10^4t，占总剩余油量的77.4%。其分布特点表现为：平面上分散，集中在靠近生产井的区域，且以角井的位置比例更大（占65%）。纵向上集中在下部（$J_3q_2^{2-2}$），占总剩余油量的54.1%。

（2）中区。中区模型的统计结果是：模拟区总剩余油量22.2×10^4t，为原始储量的57.5%。其中，蒸汽波及区残余油量1.0×10^4t，占总剩余油量的4.7%；水波及区剩余油量6.3×10^4t，占总剩余油量的28.3%；未波及区剩余油量14.9×10^4t，占总剩余油量的67.0%。其分布特点与北区一样，也表现为：平面上分散，集中在角井的区域。纵向上集中在下部（$J_3q_2^{2-2}$），占总剩余油量的64.9%。

（3）南区。南区模型的统计结果是：模拟区（含汽驱区+吞吐区两个区域）中

汽驱区总剩余油量 $26.6 \times 10^4 t$，为汽驱区原始储量的 64.9%。其中，蒸汽波及区残余油量 $0.2 \times 10^4 t$，占汽驱区总剩余油量的 0.8%；水波及区剩余油量 $4.1 \times 10^4 t$，占汽驱区总剩余油量的 17.4%；未波及区剩余油量 $21.1 \times 10^4 t$，占汽驱区总剩余油量的 81.8%。

从以上各区的分析结果看出，剩余油量均较可观，但各区有一定差异；南区剩余油量最大 [64.9%（OOIP）]，北区次之 [59.8%（OOIP）]，中区较少 [57.5%（OOIP）]。南区主要受边水影响，北区主要是转汽驱晚。挖潜的目标应是以扩大蒸汽波及为主。

下步开发方式选择

由前述的研究结果得出，该区蒸汽驱还有一定的潜力。目前采出程度为 41%，仍有 59% 的油留在地下。且剩余油分布也比较清楚，平面上以角井附近区域居多，纵向上以下部油层居多。选择好下步开发方式，可以经济有效地开采这些剩余油。

下步开发方式选择的思路：首先预测现行蒸汽驱的开发效果，并以此为基础方案，将其他方式与此方案进行对比，以开发效果和经济效益都较好的方式作为推荐的下步开发方式。所优选的方式包括：热水驱、常规蒸汽驱、间歇蒸汽驱。

由于该部分内容是常规工作，因此这部分内容只给出预测结果（表9）。

表9 各种驱替方式汽驱效果对比（利用中区模型预测）

方案	预测阶段						最终采收率 %
	生产时间 d	注汽量 $10^4 t$	产油量 $10^4 t$	净产油量 $10^4 t$	油汽比	阶段采出程度 %	
拟合结束	5831	75.4	16.4	11.0	0.22	42.3	
现行汽驱	996	18.7	3.3	2.0	0.18	8.5	50.9
100℃热水驱	1237	28.05	3.2	1.2	0.11	8.3	50.6
常规蒸汽驱	1430	47.4	8.4	5.0	0.18	21.7	64.1
间歇汽驱	1300	43.4	8.1	5.0	0.19	21.0	63.3

注：（1）现行汽驱：注汽8个月，停注3个月。注汽速度56t/d，井底干度25%。结束条件：瞬时油汽比0.15。
（2）100℃热水驱：注水速度45t/d，井底水温20℃。结束条件：含水95%。
（3）常规汽驱：注汽速度85t/d，井底蒸汽干度40%，采注比1.2。结束条件：瞬时油汽比0.15。
（4）间歇汽驱：注3个月，停3个月，注汽速度166t/d，井底蒸汽干度55%。结束条件：瞬时油汽比0.15。

从各种开发方式的开发效果看，现行蒸汽驱和热水驱的开发效果差，不可选用。而常规汽驱和间歇汽驱的开发效果比较好，而且基本相同。从开发操作看，间歇汽驱注入时注汽速度太高，又不断开关井，对井造成激动，非常不利。所以综合看，只有常规汽驱，即把现有开发方式改为连续汽驱并加大注汽速度，即可得到好的开发效果。

所选开发方式注采参数优化及开发效果预测

针对常规蒸汽驱并采取重新完井的优选方案，进行了不同注汽速度、蒸汽干度、采注比及蒸汽驱后期的变速注汽、转注水的时机等优化研究，通过开发指标与经济效益的对比，确定出所选方案的具体注采参数及后期的调整措施，并预测了所选优化方案的开发指标。由于该部分也是大家常做的工作，不再详谈，只给出优化结果。

1. 常规蒸汽驱优化结果

注汽速率：总油层厚度的注汽速率为 1.6t/（d·m·ha），单井注汽速度平均 92t/d；

井底蒸汽干度：50%以上；

采注比：1.2以上，即平均单井排液量28t/d；

结束方式：连续注汽4年后转注水。

2. 开发效果预测

根据上述研究，所选模型的优化方案及注采参数如下：

（1）采用目前的70m井距反九点井网；

（2）注汽井重新完井，封堵已射孔段，只射开下部的1/2油层；

（3）注汽速率：总油层厚度的注汽速率为1.6t/（d·m·ha），即单井注汽速度 92t/d；井底蒸汽干度：55%；采注比：1.2，即平均单井排液量28t/d。

（4）连续注汽4.2年，之后转注水。

按照这样的油藏工程设计，常规蒸汽驱开发的年度指标预测（模型结果）见表10。

共开发6.2年，其中恒速注汽4.2年，共注汽 50.5×10^4t，注水2年，共注水 24.3×10^4t。共产油 10.6×10^4t，净产油 7.0×10^4t。阶段油汽比0.21，阶段采出程度27.2%，最终采收率69.5%。

表10 优化条件下常规汽驱指标预测（年度指标–模型结果）

时间	生产时间 d	注汽（水） 10^4t	产油 10^4t	产水 10^4m³	净产油 10^4t	油汽比	采油速度 %	最终采收率 %
2005.6~2005.12	210	7.0	1.4	6.7	0.9	0.20	3.63	45.9
2006.1~2006.12	575	12.0	2.4	11.7	1.5	0.20	6.09	52.1
2007.1~2007.12	940	12.2	2.1	12.4	1.2	0.17	5.48	57.6
2008.1~2008.12	1305	12.2	1.9	12.7	1.1	0.16	5.02	62.5
2009.1~2009.8	1523	7.2	1.0	7.5	0.5	0.14	2.65	65.1
2009.9~2010.9	1888	（12.0）	1.3	8.8	1.3		3.45	68.5
2010.9~2011.9	2253	（12.3）	0.4	11.0	0.4		1.08	69.5
合计	2253	50.5（24.3）	10.5	70.9	7.0	0.21	27.20	69.5

根据模型预测结果，推算全区指标如下：

分三批实施，每隔2年实施一批，共实施78个井组（另有20个井组没有安排，包括汽驱试验9个井组，吞吐试验区5个井组，注汽井已坏的6个井组）。第1批实施26个井组，第2批实施28个井组，第3批实施26个井组。

按照这样的安排，初步预测全区指标见表11。

阶段累计注汽 1170×10^4t，累计注水 467×10^4t，累计产油 206×10^4t，累计油汽比0.18，采出程度26.42%，最终采收率67.72%。

表11 九6区汽驱优化方案年度指标预测

年度	注汽量 10^4t	注水量 10^4t	产油量 10^4t	净产油量 10^4t	油汽比	采油速度 %	最终采收率 %	备注
2005	92		13	6	0.14	1.67	42.97	
2006	136		20	10	0.15	2.56	45.53	第1批26个井组
2007	138		21	12	0.16	2.74	48.26	
2008	165		24	12	0.15	3.10	51.36	第2批28个井组
2009	180		27	14	0.15	3.48	54.84	
2010	158	76	26	15	0.17	3.38	58.22	第3批26个井组
2011	150	76	28	17	0.18	3.53	61.75	

续表

年度	注汽量 10⁴t	注水量 10⁴t	产油量 10⁴t	净产油量 10⁴t	油汽比	采油速度 %	最终采收率 %	备注
2012	76	82	18	12	0.23	2.27	64.02	
2013	76	82	19	13	0.25	2.41	66.43	
2014		76	8	8		1.03	67.46	
2015		76	2	2		0.26	67.72	
合计	1170	467	206	122	0.18	26.42	67.72	

蒸汽驱的经济极限油汽比

极限油汽比是指日直接操作费与日收入相等时的油汽比。

$$日直接操作费 = 操作费 + 注汽费$$

$$日收入 = 日产油量（q_o）\times 税后油价（P_o）$$

其中

$$操作费 = 操作成本（D）\times 日产油量（q_o）$$

$$注汽费 = 注汽成本（P_s）\times 日注汽量（q_{is}）$$

于是，设燃料为产出油，则注汽成本

$$P_s = P_o/14$$

极限油汽比

$$OSR = \frac{P_o}{(P_o - D) \times 14}$$

据统计，目前我国蒸汽吞吐的直接操作成本（不含注汽成本）为200元/t，蒸汽驱的直接操作成本（不含注汽成本）为150元/t。根据公式可以计算出不同油价（税后价格）下的吞吐、蒸汽驱的极限油汽比，见表12。

可以看出，油价不同，极限油汽比也不同。随着油价的升高，极限油汽比降低。当税后油价达到40美元/bbl时，蒸汽驱的极限油汽比降到0.077。

表 12　不同油价下的极限油汽比

税后油价		极限油汽比	
美元 /bbl	元 /t	吞吐	蒸汽驱
5	278	0.255	0.155
10	556	0.112	0.098
15	834	0.094	0.087
20	1112	0.087	0.083
25	1390	0.083	0.080
30	1668	0.081	0.078
35	1946	0.080	0.077
40	2224	0.078	0.077

结论与建议

1. 结论

综合上述研究，得出以下结论：

（1）根据油藏工程理论、油藏描述成果、生产动态资料及开发经验，九6区蒸汽驱区的原始储量约为 $780×10^4 t$。2005年5月，采出程度为41.3%。

（2）从实现成功蒸汽驱的角度分析，目前九6区蒸汽驱开发水平距成功蒸汽驱还有一些差距。原因在于所实施的注汽速率、井底蒸汽干度等操作条件还没有达到成功蒸汽驱的标准。

（3）三个油藏模拟模型历史拟合结果及生产动态、检查井资料都表明，目前汽驱的蒸汽波及范围很小，小于油藏体积的15%，而未波及的体积很大，约占油藏体积的60%。在剩余油中，这部分的比例很大，约占总剩余油量的75%。

（4）剩余油的空间分布特点：纵向上，上部油层剩余油相对少，下部油层相对较多；平面上，多集中在角井附近区域。

（5）下步开发方式选择结果表明，最佳方式为常规蒸汽驱。

（6）改善常规蒸汽驱效果的措施：对注汽井重新完井，即封堵注汽井再只打开油层下部的1/2。

（7）注汽井重新完井并在优选的注采参数下的汽驱，汽驱阶段还能采出 25.8%（OOIP）的油，累计油汽比 0.2，肯定会有很好的经济效益。

（8）在目前的井网下，常规蒸汽驱时油藏压力将稳定在 1.5～1.8MPa，这是非常好的汽驱油藏压力，所以目前的井网完全适合将来的常规汽驱。

（9）极限油汽比与油价关系密切，从表 12 的油汽比与油价的关系可看出，即使油价很低（如 10 美元/bbl），该油藏的优化汽驱还是有很大经济效益的。因为在该油价下，其经济极限油汽比约为 0.1，而汽驱的累计油汽比为 0.2。

2. 建议

九 6 区的蒸汽驱虽然已开展了 6 年多，但由于所实施的操作条件没能保证蒸汽驱的真正实现，因此剩余油潜力比较大。研究的结果也表明，重新实施蒸汽驱还可以取得较好的开发效果。因此建议先开展 6 个井组的试验区，在所优选的操作条件下进行严格地汽驱试验。待取得一定效果后（估计 2 年时间）再大面积推广。

为了完成试验，地面需要单独建立一个注汽站，配备一台 23t/h 的锅炉。注汽系统需要安装蒸汽分配器和流量控制器。

参 考 文 献

[1] 岳清山. 油藏工程理论与实践 [M]. 北京：石油工业出版社，2012.

锦 45 于楼油藏开发方式选择和所选开发方式的优化

（2006 年）

受辽河油田锦州采油厂委托，我和张霞二人对锦 45 于楼油藏开发方式选择和所选开发方式的优化进行了研究。本文为研究结果。

油藏基本情况

锦 45 于楼油藏位于辽宁省凌海市大有乡境内，在地质构造上位于辽河坳陷西部凹陷西斜坡南部单斜构造二级断阶带上。锦 45 于楼油藏分为两个油层组（于Ⅰ和于Ⅱ），6 个砂岩组，12 个小层。油藏被多条断层切割为多个断块。构造形态总体上是在斜坡背景上发育的一个近东西走向堑垒相间的复杂断块群。构造东西长 7.5km，南北宽 2.3km，构造幅度 290m，圈闭面积 16.3km^2。按Ⅳ级以上断层划分为 4 个断块，它们分别为锦 90、锦 91、锦 92 和锦 45-7-14，如图 1 所示。

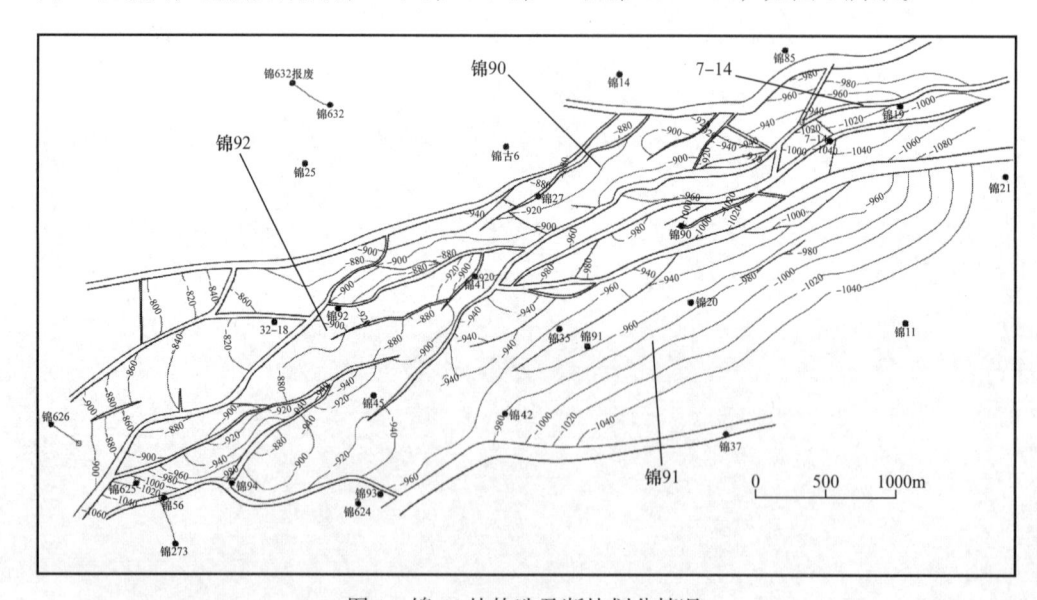

图 1　锦 45 块构造及断块划分情况

锦45于楼油藏的油层主要沉积相为辫状分流河道沙，分流河口沙坝和边心滩沙。油层岩石为含砾、粗—细砂岩。矿物成分石英占35%~38%，长石占33%~36%，岩屑占10%~19%，岩石颗粒为次尖、次尖—次圆状。孔隙填充物为黏土，平均含量7.7%，主要为蒙脱石，相对含量75%，其次为伊利石和高岭土，相对含量25%左右。

储层物性：于Ⅰ油组，孔隙度30%，渗透率1200mD，厚度平均17m，含油面积8.7km²；于Ⅱ油组：孔隙度29%，渗透率1100mD，厚度平均14.3m，含油面积4.5km²。

锦45于楼油藏于Ⅰ油组与于Ⅱ油组的隔层发育较好，平均厚度7.4m，无"天窗"，隔层岩性以粉砂质泥岩和泥质粉砂岩为主，突破压力2.0MPa，属中好封隔能力。于Ⅰ和于Ⅱ油组内小层间和小层内隔夹层不太发育。

锦45于楼油藏的油属稠油，50℃脱气油黏度，于Ⅰ为7700mPa·s、于Ⅱ为2800mPa·s，地层水为$NaHCO_3$型，总矿化度为2000mg/L。

油藏埋深1000m，油层温度46℃，油藏原始压力9.8MPa。

油藏主要受构造控制，各块均属构造油藏，但有的有边水，有的没有，因此又分为纯油藏（锦90块和锦92块）和边水油藏（锦91块和锦7-14块）。

锦45块于楼油藏储量及储量计算参数见表1。

表1　锦45块于楼油藏分油组储量数据表（2005年）

油组	A_o km²	h_o m	ϕ %	S_{oi} %	ρ_o g/cm³	B_{oi}	N 10⁴t
于Ⅰ	8.32	18.51	30.0	69.5	0.987	1.041	3048
于Ⅱ	4.75	12.36	29.3	65.7	0.979	1.051	1051

注：A_o—含油面积；h_o—油层厚度；ϕ—孔隙度；S_{oi}—含油饱和度；ρ_o—油密度；B_{oi}—油的地层体积系数；N—储量。

锦45于楼油藏开发概况

1. 开发历程

锦45于楼油藏发现于1979年，从1984年投入开发到2005年，一直采用蒸汽吞吐开发方式。但其间不同时期有不同的特点，主要分为以下几个开发阶段。

1）开发试验阶段（1984—1986年）

该阶段于 1984 年 11 月在锦 17-22 井首先进行蒸汽吞吐试验，并取得成功，随后于 1985 年又在断块东部开辟了一个井距为 167m 的正方形井网的蒸汽吞吐试验区，单井日产达 20t 以上，油汽比达 2.4，非常成功。

2）全面蒸汽吞吐开发阶段（1987—1991年）

在蒸汽吞吐试验成功的基础上，于 1986 年 7 月编制了《欢喜岭油田锦 45 于楼油藏注蒸汽开发方案》，其要点为：

（1）立足注蒸汽开发，蒸汽吞吐到一定阶段后转为蒸汽驱。

（2）分于 I 和于 II 两套开发层系，两套井网。

（3）井网形式为 167m 井距的正方形井网。

（4）在油层厚度 15m 以上的区域内布井。

（5）预计蒸汽吞吐 8 年，采出程度 17.2%。

（6）方案要求当年开始钻井；到 1991 年方案井全部投产；年产达 75×10^4t，阶段油汽比 0.75，阶段采出程度 9.6%。

3）基础井网全面加密阶段（1992—1995年）

167m 井距的基础井网刚刚完成，发现产量出现递减，并且减幅有越来越大的趋势，因而于 1992 年又开始了井网加密和下步开发方式的研究，研究并提出了井网加密的方案，其要点为：

（1）仍采用两套开发层系，两套井网；

（2）认为 118m 井距的正方形井网更合适；

（3）蒸汽吞吐到一定程度后转为 118m 井距的五点井网蒸汽驱；

（4）具体安排：1992 年对锦 91 块的于 I 油组进行加密，1993 年和 1994 年对于 I 油组其他区块进行加密，1995 年对锦 91 块和锦 92 块的于 II 油组进行加密；

实施结果虽初期遏制了产量的递减趋势，但并没达到预期目的。

4）调整阶段（1996—2001年）

由于井网加密并没达到预期目标，并且在阶段末又出现了产量递减，因此从 1996 年又开始了以完善井网为主，包括钻新井、调层、补层、大修和侧钻等措施的大调整。据有关资料介绍，该阶段共进行了 7 次大调整，这里仅把几次较大调整的要点介绍如下：

（1）1995 年编制了《欢喜岭锦 45 于楼油藏开发效果评价及转汽驱总体设计》，其要点为：

① 仍采用两套开发层系，两套井网；
② 开发方式仍是蒸汽吞吐+蒸汽驱；
③ 仍采用118m井距的井网，但汽驱改为九点井网；
④ 吞吐效果预测：于Ⅰ油组采出程度为19%，于Ⅱ油组采出程度为20.9%；

（2）1999年又编制了《欢喜岭锦45块开发调整方案》，其中有关于楼油藏的调整要点是：

① 仍坚持两套开发层系，两套井网开发。
② 仍认为118m井距是合理的，但要进一步完善。于Ⅰ油组共布开发井381口（其中，老井留用245口，新钻84口，调入52口），观察井10口；于Ⅱ油组共布开发井150口，其中老井留用82口，新钻35口，调入33口。
③ 研究认为，由于于楼油藏的蒸汽吞吐已进入高轮次，且水侵严重，故已失去转汽驱机会，决定吞吐到底。
④ 开发效果预测：于Ⅰ油组吞吐的最终采收率为24.6%，于Ⅱ油组吞吐的最终采收率为26.5%。

（3）2001年又提出了《欢喜岭锦45块综合调整研究方案》，该方案对1999年的调整方案进行了评估，并重新对开发方式、井网井距进行了研究，其结论是：

① 采用两套开发层系，两套井网开发是合理的。
② 于Ⅰ油组适宜蒸汽吞吐+汽驱，于Ⅱ油组适宜吞吐到底。
③ 对于Ⅰ油组，除锦91东南部水淹严重区域外，其他区域或区块，油层厚度大于20m的，83m井距是最合理的井距（汽驱用九点井网）。油层厚度在10~20m的区域采用118m井距的井网。对于Ⅱ油组，油层厚度大于20m的个别区域采用83m井距的井网外，一般都采用118m井距的井网。
④ 部署结果：于Ⅰ油组布新井81口，调整后总井数增至537口，于Ⅱ油组布新井11口，调整后总井数增至169口。
⑤ 效果预测：于Ⅰ油组在83m井距下吞吐的最终采收率为30.4%；加密调整后，新井吞吐两个周期后转汽驱，汽驱采出程度为22.2%，最终采收率为52.6%。

5）综合治理提高吞吐开发效果阶段（2002—2005年）

2001年综合调整研究方案还没有执行完，2002年又提出了《提高吞吐开发效果的综合治理方案》。该方案是以调层、补层、封堵水、分注、侧钻以及修复停产井为主的治理措施。这些措施虽暂时见到一定效果，但成效不大，而且措施效果越来越差，到了2005年蒸汽吞吐已到了几乎无经济效益的程度。

2. 开发效果

锦45于楼油藏从1984年投产到2005年,开发过程中虽经历了10多次的井网加网、完善井网、调层、补层等调整措施,但到目前(2005年)每次调整都没有达到预期目标,其总的开发情况是:

(1)到2005年,锦45于Ⅰ油组共投入560口井,于Ⅱ油组共投入170口井,主要部位已形成了83m井距的正方形井网。

(2)到2005年,于Ⅰ油组蒸汽吞吐共注汽$1480×10^4$t,共产油$759×10^4$t,共产水$1940×10^4$t,累计油汽比0.51;累计采注比1.82,采出程度24.9%;于Ⅱ油组蒸汽吞吐共注汽$484×10^4$t,共产油$253×10^4$t,共产水$608×10^4$t,累计油汽比0.52;累计采注比1.78,采出程度24.1%。

(3)2005年,于Ⅰ油组平均单井日产3t,年度油汽比0.32;于Ⅱ油组平均单井日产2t,年度油汽比0.28,都接近蒸汽吞吐的经济极限油汽比。

油藏工程分析

前两节的内容基本为根据油田现有资料整理的简要总结。为了保证本次研究能得出基本正确的结论,需要对油藏现有大量的静态与动态资料用油藏工程理论和实践经验给予分析评估,并对有问题的描述和认识做出修正。

分析现有的资料,得出以下看法和结论:

(1)锦45于楼油藏蒸汽吞吐具有自己突出的特点。

吞吐开发初期(第1和第2周期),周期生产时间长(近一年),产油多(近5000t/周期),油汽比高(2.0以上),明显好于一般油藏。但下降快,到第6周期,周期生产时间降为180多天,降低近50%,周期产油降为1300t,降低70%多,周期油汽比降为0.4左右,降低80%多,其递减又明显快于一般油藏。

分析其原因,可能是边水的作用。我们知道,当油藏蒸汽吞吐生产时,油藏内部压力会快速降低,边水油藏会引起边水的入侵。尽管边水内侵过程中驱替稠油的效果很差,但内侵过程中必然会把油水边界与最外排布井之间油层中的油部分地驱入井网控制区域内,并且会把井间受蒸汽吞吐影响较小的那部分油也部分推向生产井。因此在边水油藏中,蒸汽吞吐初期会呈现较好的吞吐效果,而且油越稀效果越显著(如于Ⅱ油组比于Ⅰ油组初期效果更好)。但是,随着吞吐轮次的增加,边水侵入生产井,吞吐效果会迅速下降,并且油越稀,下降得越快(如于Ⅱ油组下降得比于Ⅰ油组更快)。见表2。

表2　锦45于楼油藏蒸汽吞吐生产数据

层系	于Ⅰ油组						于Ⅱ油组					
周期	1	2	3	4	5	6	1	2	3	4	5	6
周期时间,d	248	345	300	270	201	191	329	264	243	206	194	181
周期产油,t	4292	4927	3672	3107	2091	1754	4775	4886	3519	2244	1184	1015
周期油汽比	1.79	1.58	1.07	0.90	0.60	0.56	2.45	2.10	1.04	0.66	0.35	0.32

所以，尽管边水稠油油藏蒸汽吞吐初期效果好，但由于其效果的迅速变差，使边水稠油油藏的吞吐效果，总体上不如没有边水的同类油藏的效果，而且边水越大影响越大。

边水不仅影响蒸汽吞吐的开发效果，而且还会影响随后蒸汽驱的开发效果，特别是边水能量较大的油藏。所以，对边水稠油油藏来说，蒸汽吞吐阶段就应采取边水排放措施，这不但可以在一定程度上改善吞吐效果，而且为顺利地转汽驱创造条件。

（2）开发中加密井网、调整换层，补层过于频繁，给开发造成混乱。

由上节开发历程可看到，从1992年到2005年的10多年间，大的开发调整就有10多次。几乎是上次调整还没完成，下次调整又开始了。大约有50%的井转换过生产层位，还有大量井进行过补层、侧钻。这不但造成了大量井的损坏，而且给油藏开发造成紊乱；谁能说清哪一次调整有效，哪一次调整无效。这样的油藏开发调整在油藏开发史上不能说独一无二，至少可以说少见。

（3）到目前为止，开发方式还不明确。

从历次调整方案的开发方式看，最初只是概念性的提出"蒸汽吞吐+蒸汽驱"，随后的方案提出"吞吐已到了高轮次，且又严重水侵，因此已失去了转驱时机，决定吞吐到底"。但紧跟着随后的方案又认为"于Ⅰ油组适宜吞吐+汽驱，于Ⅱ油组适宜吞吐到底"，但我们知道，吞吐开发方式不是油藏开发的最终开发方式，一般都是吞吐一段时间后要转为汽驱或是火驱。但在这众多方案中，既没有进行转换开发方式的研究，也没有做这方面的准备，而是只虚晃一枪，"吞吐到一定程度转为汽驱"。所以锦45于楼油藏到底最适合什么开发方式至今没个定论。

（4）对井网井距也没有科学的论证。

井网井距对不同开发方式有一定的适应性，而且对开发效果和经济效益也有一定影响。在锦45于楼油藏开发过程中的不同方案中有不同的说法，最初于1984年定为167m井距的正方形井网；后来1992年又说118m井距的正方形井网更适合汽驱，并且决定采用这一井距的五点井组进行汽驱。而到了2001年又认为83m井距的九点井组的汽驱更合适。到底什么井距适合吞吐，什么样的井距和井组适合汽驱并没有科学的论据，所以对锦45于楼油藏来说什么样的井网井距最合适至今也没有解决。

（5）锦45于楼油藏的储量被大大的低估。

锦45于楼油藏储量被低估，从以下事实可以得到证实。

① 油层下限过严，把大量差油层划成了隔夹层。

在油层划分中，把油层下限定为富含油，这就把油浸层段的差油层划为了非油层。从表3可看出，油浸层段占总岩心长度的8.6%，那么把近10%的差油层划为了隔夹层。

表3 锦45岩性与含油性的关系

岩性/含油性	与总岩心样数的占比，%					
	泥质粉砂岩	粉砂岩	细砂岩	中—粗砂岩	砂砾岩	合计
饱和油	—	0.9	19.9	8.1	10.4	39.3
富含油	0.5	1.0	12.1	5.0	10.8	29.4
油浸	0.7	1.8	3.4	1.0	1.7	8.6
油斑	10	3.9	5.2	1.0	2.9	23.0
合计	11.2	7.6	40.6	15.1	25.8	100

② 油层含油饱和度给的大大偏低。

储量计算中含油饱和度用的是阿尔奇公式计算的，于Ⅰ油组为69.5%，于Ⅱ油组为65.75%。这些值明显低于稠油油藏的一般值。

事实上，开发11年后的检45-1井的岩心分析表明，34块岩样的平均含水饱和度为18%，这就是说，于Ⅰ油组的原始含油饱和度至少为80%以上。另外，检45-1井于楼油层共有20条毛细管压汞曲线，其平均最大进汞饱和度为88.8%，尽管最大进汞饱和度不能完全等同于原始含油饱和度，但经验告诉我们，原始含油饱和度一般都很接近最大进汞饱和度。

由以上两点，我们完全可以肯定，锦45于楼油藏的原始含油饱和度应为80%以上，即比储量计算中所用值最少高出12个百分点。

③ 综合以上分析，考虑到储量计算中所用油层厚度的偏低，含油饱和度偏低，该油藏的实际储量可能为标定储量的近1.3倍。即锦45于楼油藏的实际储量应为 5300×10^4 t 左右。

（6）该油藏所给水和汽的驱油效率都有较大问题。

查阅锦45于楼油藏的资料发现，只有1999年锦45-1井钻井取心所做的油水、油汽相对渗透率试验。分析这些试验资料，认为试验结果有较大问题，主要是以下几个方面：

① 束缚水饱和度大有问题。50℃，80℃和150℃的油水相对渗透率的束缚水饱和度分别为20%，30%和40%，油—汽相对渗透率（150℃）的束缚水饱和度40%。这样的数据可能是试验饱和油的条件不对造成的。我们也应注意，油藏原始束缚水饱和度是固有的固定值，不论用水、用热水还是用蒸汽驱替，都是从原始含油饱和度开始，注入的水或蒸汽从开始它们都是可流动的，而不是饱和度增加到30%或40%才开始流动。本书新疆九6区的相渗试验资料就是一个很好的倒证。

② 水驱和蒸汽驱的残余油饱和度都大大偏高。油藏工程理论告诉我们，水驱或蒸汽驱的残余油饱和度是油层岩性的综合表现；而与油藏原油黏度基本无关。油藏工程实践表明，水驱残余油饱和度一般在15%~25%；蒸汽驱的残余油饱和度一般在5%~15%。这里50℃的水驱残余油饱和度30%，可能是试验驱替量远远不够造成的。我们知道，要真正驱到残余油，一般需要注入岩样孔隙体积上千倍甚至上万倍的水，而这里的试验只驱替了几十倍孔隙体积的水。

③ 根据以上分析，我们认为锦45-1井的相对渗透率曲线基本不能用，根据经验给出的油—水和油—汽的相对渗透率特征。

油—水相对渗透率：束缚水20%，残余油22%，水的端点值高0.20。

油—汽相对渗透率：束缚水20%，残余油10%，油的端点值高0.40。

（7）锦91块于Ⅰ油组油藏水体大小和水侵量的估计。

我们知道，一个边水油藏的水体大小，水侵量的多少，对油藏开发策略的选择会有一定影响。但锦45于楼油藏现有资料中只有经常出现的"水侵严重"外，没有这方面的任何提及。对这一问题，应该给出一个定性或定量的说法。

为了研究方便，我们只对水侵最严重的锦91块于Ⅰ油组做出评估。至于水侵相对较轻的区块，可根据具体情况加以处理。

由于油藏现有资料即没有油层岩石和油藏流体的压缩系数，也没有确切的油藏压力，这给精确评估带来了困难。因此只能用油藏生产数据，通过综合判断，做出相对定量的评估。

① 锦91块于Ⅰ油组油藏水体大小的评估。

油藏开发经验告诉我们,对于一个封闭的纯油藏,其吞吐生产过程中,早期由于油藏压力的快速下降,弹性能量的释放,其采注比一般为1.2~1.3,随着吞吐轮次的增加,地层压力下降变缓,甚止趋于稳定,其采注比也下降至1.0~1.1,其累计采注比一般为1.15左右。如果油藏为非封闭的,如有边水或底水存在,则其吞吐生产的采注比会大于封闭油藏的,而且水体越大,其采注比越大。

统计锦91块于Ⅰ油组蒸汽吞吐的采注比看出（表4）,它的累计采注比大约为2.0,说明锦91块于Ⅰ油组的水体较大。但从开发过程中的采注比变化看,初期（1985—1986年）约为1.0,到了中期（1991年）上升到了3.4。然后开始下降,到了后期（2004年）降到1.8,说明它的水体是有限的。

表4 锦91于Ⅰ油组的生产数据表

年度	年度数据						累计数据					
	注汽 10^4t	产油 10^4t	产水 10^4m^3	采注比	油汽比	净产液 10^4m^3	注汽 10^4t	产油 10^4t	产水 10^4m^3	采注比	油汽比	净产液 10^4m^3
1984	0.768	0.547	0.1	0.84	0.71	-0.12	0.768	0.547	0.1	0.84	0.71	-0.12
1985	3.87	1.88	0.751	0.70	0.49	-1.24	4.64	2.43	0.85	0.71	0.52	-1.36
1986	10.7	8.87	5.65	1.36	0.83	3.8	15.3	11.3	6.5	1.16	0.74	2.44
1987	24.2	24.5	12.4	1.52	1.01	12.7	39.5	35.8	18.9	1.38	0.91	15.1
1988	26.8	33.5	28.4	2.31	1.25	35.1	66.3	69.3	47.3	1.76	1.05	50.2
1989	25.0	26.9	37.7	2.58	0.96	39.6	91.3	96.2	85.0	1.98	1.05	89.8
1990	24.7	28.8	46.0	3.03	1.17	50.1	116	125	131	2.21	1.08	140
1991	23	27	52	3.43	1.17	56	139	152	183	2.1	1.09	196
1992	42	29	61	2.14	0.69	48	181	181	244	2.35	1.00	244
1993	60	27	67	1.57	0.45	34	241	208	311	2.15	0.86	278
1994	66	35	86	1.83	0.53	55	307	243	397	2.08	0.79	333
1995	52	36	79	2.21	0.69	63	359	279	476	2.1	0.78	396
1996	53	31	105	2.57	0.58	83	412	310	581	2.16	0.75	479
1997	60	33	95	2.13	0.55	68	472	343	676	2.16	0.73	547

续表

年度	年度数据						累计数据					
	注汽 10⁴t	产油 10⁴t	产水 10⁴m³	采注比	油汽比	净产液 10⁴m³	注汽 10⁴t	产油 10⁴t	产水 10⁴m³	采注比	油汽比	净产液 10⁴m³
1998	48	32	86	2.46	0.67	90	520	375	762	2.19	0.72	617
1999	56	26	82	1.93	0.46	52	576	402	844	2.16	0.7	669
2000	71	29	98	1.79	0.41	56	647	430	942	2.12	0.66	725
2001	100	51	130	1.81	0.51	81	747	481	1072	2.08	0.64	806
2002	67	34	93	1.90	0.49	60	814	515	1165	2.06	0.63	866
2003	69	23	96	1.72	0.33	50	883	538	1261	2.04	0.61	916
2004	67	20	100	1.80	0.30	53	950	558	1361	2.02	0.59	969
2005	60	17	98	1.90	0.28	55	1010	575	1460	2.01	0.57	1024

锦91块于Ⅰ油组的水体有多大，可以从累计净产液量做出大概的估计。我们知道，像锦91块于Ⅰ这种油藏，如果是封闭油藏，那么累计净产液量应为$150 \times 10^4 m^3$，而实际净产液为$1024 \times 10^4 m^3$，即约为封闭油藏的6.8倍。考虑到水体部分单位体积的弹性能量要低于油藏部分的，而且水体部分弹性能量可能还没全部释放出来，因此估计水体体积可能为油藏体积的8～10倍。

② 锦91块于Ⅰ油组水侵量的估计。

对锦91块于Ⅰ油组水侵量的估计，可用以下方法加以估算：

像锦45于Ⅰ油组类似的一个封闭纯油藏，其吞吐累计采注比一般为1.15左右，而该油藏实际累计采注比为2.0，那么，该油藏的水侵量约为：

水侵量 =（实际采注比 – 封闭油藏的采注比）× 注水量
     =（2.0-1.2）× 1010=$860 \times 10^4 m^3$

可以近似的估计锦45于Ⅰ油组开发到今日（2005年底）的水侵量约为$860 \times 10^4 m^3$。

油藏模型的建立

根据油藏的基本特征及油藏工程分析所做的修改和补充，现在可以建立比较符合油藏实际的模型了。这一工作由以下几步来完成。

1. 油藏地质模型的建立

首先根据模拟软件的模拟能力和油藏类型，在边水侵入比较严重的锦91块于Ⅰ油组选取一个包括45口井和边水区的模拟区；在没有水侵的锦92块031-223井区，选取一个包括19口井的模拟区（图2）。

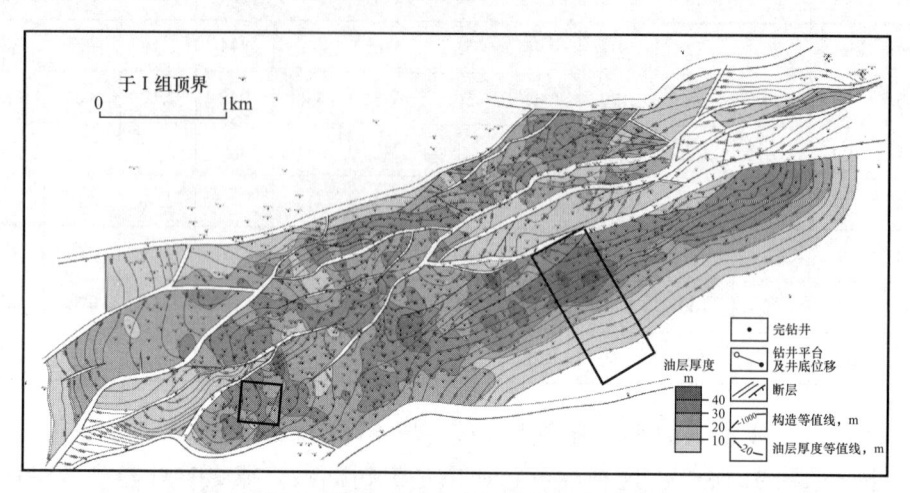

图2 锦45块于Ⅰ油组模拟区示意图

锦91块模拟区共划分为28600个网格块，锦92模拟区共划分为14245个网格块。纵向上以小层划分网格。根据油藏基本特征，油藏工程分析中所确定的油藏参数，以及模拟区各井点的小层数据，给地质模型赋值，并通过模拟软件所提供的插值法，建立网格化的油藏模型。

2. 生产史拟合

拟合中，根据拟合参数的符合程度，对某些油藏参数（包括水体体积、油—水和油—汽相对渗透率曲线的曲率和端点值，以及个别井点的渗透率等）做了一些小的修改，就很容易地拟合了纯油藏所有井的生产史和油藏压力以及边水油藏模型的绝大多数井（36口）的生产史和油藏压力。但边水油藏中有少数井（8口），其拟合程度相差甚远（主要是产水量）。

分析拟合情况认为，既然绝大多数井拟合得很好，说明油藏模型基本是符合油藏实际的。至于少数井的拟合差，可能是井的问题。决定不再对这少数井（8口）硬拟合，而是查找井的问题。

对这几口异常产水井的分析发现，它们都分布在油藏中上部（图3），这首先表明这些异常井的水不可能来自边水（因为比这些井更靠近边水的井都是正常产水井）。进一步分析也认为不可能来自北面的断层（过去的报告中都归于来自断层），因为这些井既不是都集中于断层附近，也不是断层附近的所有井都为异常井（图3）。

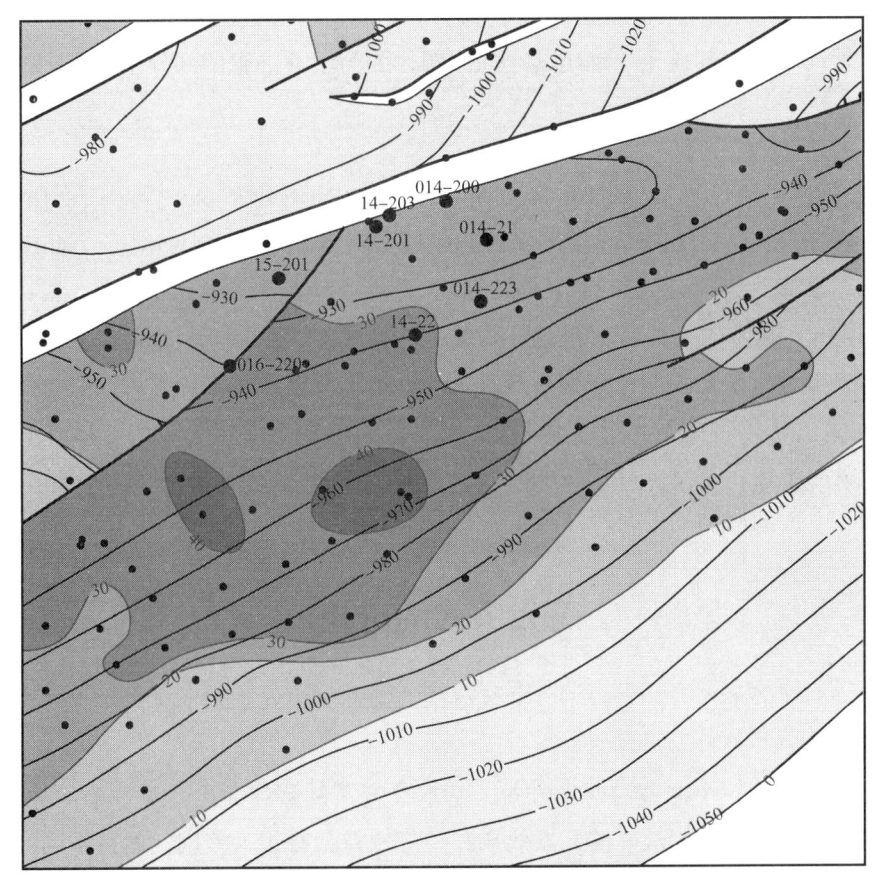

图 3　边水模拟区产水异常井位置图

进一步分析这些井的钻井和生产史发现，这些异常井都与于Ⅱ油组有关。在这8口井中，有5口原本是于Ⅱ油组的井，生产到高含水后上返于Ⅰ油组的。另外3口井虽一直生产于Ⅰ油组，但它们是钻穿于Ⅱ油组后完井的。

这些上返井（014-21，014-200，014-223，016-220，14-203）上返后就是高产水井，说明上返时没严格封堵于Ⅱ油组，实际是于Ⅰ和于Ⅱ的合采井。钻穿于Ⅱ油组只生产于Ⅰ油组的3口井（14-221，14-201，15-201），它们前几个吞吐周期都是正常井，而生产一段时间后，生产特征突然发生了重大变化：生产周期大大延长，产水量突然大幅增加，这显然说明了油井发生了窜槽，强水淹的于Ⅱ油组参与了生产。

从以上分析看出，这8口井的拟合结果与拟合效果好的井一样，代表了于Ⅰ油组的生产特征，而它们的实际生产特征代表了于Ⅰ油组和于Ⅱ油组合采的特征。

这一结果，也消除了前面资料中的一个矛盾：于Ⅱ的相对水体体积比于Ⅰ的大，但累计采注比却比于Ⅰ油组的小的问题，因为于Ⅱ油组的部分水被于Ⅰ油组的井采出。

3. 拟合结果

统计拟合结果，到2005年底，锦91块于Ⅰ油组模拟区产油64.1×10^4t，产水$181.9 \times 10^4 m^3$，采注比2.3，采出程度23.8%，剩余油饱和度61%，油藏压力3.5MPa。水体约为油藏体积的10倍。锦92块模拟区累计产油6.8×10^4t，累计产水$10.7 \times 10^4 m^3$，采注比1.3，采出程度18.7%，剩余油饱和度65%，油藏压力3MPa。

历史拟合结果还表明，在现行蒸汽吞吐下，平面上只有井底附近油层（约占井控面积的1/6）的含油饱和度低于40%，其他区域的含油饱和度只下降15个百分点左右。纵向上由于蒸汽在井筒中的分离，上部注入的汽较多，动用范围略大，产油也略多，下部油层动用差，产油很少。

开发方式的选择

通过上节的工作，油藏模型已准备就绪。现在可以在模型上预测未来开发方式的开发效果了。

我们知道，一个油藏的开发方式，基本决定了油藏的命运。对一个油藏来说，不同的开发方式，它们最好的开发效果和经济效益会有很大差别，而且不同开发方式自身开发好坏也有很大差别。

因此，对锦45于楼油藏首先进行开发方式的选择，然后再进行所选开发方式的优化。根据锦45于楼油藏的基本特征和目前开发状况，可选的开发方式有：

（1）继续蒸汽吞吐，一直到底；

（2）转蒸汽驱（有边水和无边水两种油藏条件的）；

（3）间歇蒸汽驱；

（4）热水驱。

1. 各种可选开发方式的预测条件

蒸汽吞吐：注汽强度100t/m，井底蒸汽干度设60%，周期日产油3t停止生产，周期油汽比低于0.25时结束吞吐。

蒸汽驱：注汽强度为纯油层厚度的 2.0t/（ha·m·d），井底蒸汽干度 50%，油汽比低于 0.15 时结束注汽转为注水。

间歇注汽：注一个月，停一个月，模拟预测两种情况，第一种情况注汽时的注汽速率仍为 2.0t/（ha·m·d），第二种情况注汽时的注汽速率为 4.0t/（ha·m·d），油汽比低于 0.15 时结束注汽转为注水。

热水驱：井口水温 200℃，注水速率 2.0t/（ha·m·d），生产到含水 95% 时结束注水。

2. 各种开发方式的预测结果

表 5 和表 6 分别是锦 91 边水油藏和锦 92 纯油藏模拟区不同开发方式的预测效果。

表 5　锦 91 块边水油藏模拟区各种开采方式的预测结果

开采方式		生产时间 d	累计产油 10^4t	累计产水 10^4m³	累计注汽/水 10^4t	油汽比	采收率 %	采注比
蒸汽吞吐到底		880	3.5	13.9	11.2	0.312	3.3	1.55
蒸汽驱		1885	22.2	121.8	108.3	0.205	21.4	1.33
间歇汽驱	Ⅰ	1070	9.1	38.3	34.2	0.265	8.7	1.39
	Ⅱ	1709	19.9	117.3	104.4	0.190	19.2	1.31
热水驱		878	5.3	50.5	49.8	—	5.1	1.12

注：表中采收率值为模拟区的采收率，即包括过渡带的储量，是预测井组储量的 1.36 倍。

表 6　纯油藏模拟区的各种开采方式的预测结果

开采方式		生产时间 d	累计产油 10^4t	累计产水 10^4m³	累计注汽/水 10^4t	油汽比	采收率 %	采注比
蒸汽吞吐到底		1059	2.3	8.2	9.8	0.235	8.5	1.07
蒸汽驱		2118	9.9	42.5	44.3	0.223	36.6	1.19
间歇汽驱	Ⅰ	1225	4.6	10.5	13.1	0.351	17.0	1.15
	Ⅱ	2115	9.3	43.6	44.7	0.208	34.4	1.18
热水驱		1087	4.1	17.5	21.5	—	15.2	1.01

由表 5 和表 6 中数据可以看出：

（1）两种模型的蒸汽吞吐、热水驱以及注汽速度等于连续注汽速度的间歇汽驱效果远远偏低，不可采取这些开发方式。

（2）比较连续汽驱与注汽速度加倍的间歇汽驱，它们的开发效果基本相同，但考虑到间歇汽驱带来的负面作用（如注采井处于激动状态易引起出砂和井筒损坏，供汽波动，不断地关开井麻烦等），我们认为还是连续汽驱开发方式最好。

蒸汽驱优化

通过开发方式的选择，锦45块于楼油藏各块基本都最宜转为蒸汽驱。蒸汽驱有望取得最好开发效果。但选定了最好开发效果的开发方式，还不一定就能取得最好的开发效果。不同的操作策略对汽驱效果有巨大影响。例如，像锦45于楼油藏，估计成功汽驱的阶段采出程度可达21%～30%多，而如果操作不当变为热水驱，则只能再采出10%～15%的采出程度。所以必须对蒸汽驱进行严格优化。

对一般蒸汽驱的优化内容，大家都已熟悉，这里我们只给出优化结果，而对该油藏所需的一些特殊优化则给出较详细的说明。

1. 锦91于楼油藏汽驱中最合理的油藏压力

对一般油藏来说，汽驱油藏压力越低越好。但对于边水油藏来说，是不是也是越低越好，很是个问题。因为汽驱过程中油藏压力过低，会引起边水侵入，如果侵入量过大，会影响汽驱效果，所以要对锦91于Ⅰ边水油藏汽驱的最佳油藏压力进行优化，结果见表7。

表7 锦91块于Ⅰ油藏汽驱压力优化结果

油藏压力 MPa	生产时间 d	累计产油 10^4t	累计产水 10^4m^3	累计注汽 10^4t	油汽比	采收率 %	采注比
2.6	1861	22.6	122.8	107.8	0.210	21.8	1.35
2.9	1885	22.2	121.8	108.3	0.205	21.4	1.33
3.1	1647	19.0	103.2	95.0	0.200	18.3	1.29
3.3	1546	17.8	95.7	88.9	0.200	17.2	1.28
3.7	1500	17.0	91.3	85.5	0.199	16.4	1.27

由表7中优化结果可看出，在优化的压力范围内，还是压力越低，开发效果越好。这说明吞吐后边水侵已经很弱，汽驱中只要保持油藏压力在2.5MPa以上，边水侵就不会影响开发效果；但压力过高，如高于3MPa以上，开发效果明显下降，

所以认为锦91于楼油藏汽驱中油藏压力保持在2.5～3.0MPa最好。

2. 油水边界处布井油层厚度下限的优化

过去的吞吐开发中，为了防止在油水过渡带中布井出现低效井，一般只在油层厚度20m以上的区域布井。大量过渡带中的油没有得到有效开发。汽驱中是否可以外扩，外扩到什么程度具有经济效益，对此进行了优化，优化结果见表8。

表8　边部油水过渡带布井优化

对比方式	生产时间 d	累计产油 10^4t	累计产水 10^4m³	累计注汽 10^4t	油汽比	采收率 %	采注比
边部不布井	1990	23.9	124.1	119.1	0.201	23.0	1.24
边部布一个井组	2040	28.6	146.3	139.0	0.206	27.6	1.26
边部布一个半井组	2122	30.2	157.9	146.4	0.206	29.1	1.28

分析优化结果可知，锦91块于Ⅰ油藏，在靠近油水过渡带处，把现有井网外扩一个井组（井组油层厚度平均18m），增打4口井，平均每口井增油1.2×10^4t，而再向外扩半个井组（油层厚度10m以上），再多打两口井，平均每口井增油0.8×10^4t。可见在过渡带上油层厚度10m以上的区域布井，在经济上都是有利可图的。

3. 边水油藏过渡带上井的避射厚度优化

对边水油藏过渡带上的井，为了防止水窜，一般都采取避射一定厚度。我们知道，避射厚度太小，可能起不到作用，而避射厚度过大，储量损失又太多。因此对边水油藏过渡带上井的避射厚度应进行优化，优化结果见表9。

表9　边部油水过渡带的避射优化

避射厚度	生产时间 d	累计产油 10^4t	累计产水 10^4m³	累计注汽 10^4t	油汽比	采收率 %	采注比
不避射	1223	13.7	72.8	69.1	0.199	13.2	1.25
避射2m	1745	19.6	103.5	101.1	0.193	18.9	1.22
避射6m	1252	14.9	68.5	68.8	0.217	14.4	1.21

由表9优化结果看，不避射，开发效果明显较差，但避射过大（6m），开发效果也变差，因此，对该油藏来说，避射3m左右最好。

4.汽驱井网井距的优化

汽驱井网已有定论，九点井组最优，不必再优化。这里只对井距进行优化。

目前锦45于Ⅰ油藏已基本形成83m井距的正方形井网，为了充分利用现有井，未来的汽驱只能在现有井距的基础上，比较118m和83m两种井距对汽驱的适应性。两种井距下的汽驱效果见表10。

表10 井距优选

井距 m	生产时间 d	累计产油 10^4t	累计产水 10^4m^3	累计注汽 10^4t	油汽比	采收率 %	采注比
83	1885	22.2	121.8	108.3	0.205	21.4	1.33
118	3018	25.1	193	180.6	0.139	12.7	1.21

由预测结果看出，118m井距的开发效果（采收率和油汽比）明显不如83m井距的，因此采用83m井距的九点井网。

5.注采参数优化

因为这些优化是大家熟悉的，这里不再详述，只把优化结果给出：

（1）纯油层厚度注汽速率为2.0t/（ha·m·d）以上。

（2）井底蒸汽干度为50%~55%。

（3）采注比为1.25~1.30。

（4）结束方式为注汽5.6年后转水驱。

蒸汽驱生产动态预测

在前面建立的油藏模型上，优化的各项条件下，进行蒸汽驱开发动态预测。边水模拟区的结果见表11，纯油藏模拟区的预测结果见表12。

从表11可看到，边水模拟区注汽5.8年，注水1.5年，累计注汽$146.62×10^4$t，累计注水$26.21×10^4$t，累计产油$31.52×10^4$t，累计产水$183.67×10^4m^3$，累计油汽比0.21，阶段采出程度30.3%，最终采收率55.2%（OOIP）。

从表12可看到，纯油藏模拟区注汽5.8年后注水2年，累计注汽$44.26×10^4$t，累计注水$12.65×10^4$t，累计产油$10.26×10^4$t，累计产水$53.72×10^4m^3$，累计油汽比0.22，阶段采出程度28.2%，最终采收率46.9%（OOIP）。

表 11 边水模拟区蒸汽驱生产动态预测

生产时间 a	年注汽/水 10⁴t	年产油 10⁴t	年产水 10⁴m³	年油汽比	年采油速度 %	采注比
1	19.06	3.47	7.39	0.182	3.34	0.57
2	26.76	5.94	22.98	0.222	5.72	1.08
3	26.87	6.18	29.33	0.230	5.95	1.32
4	26.71	5.89	36.24	0.221	5.67	1.58
5	26.24	5.24	35.88	0.200	5.04	1.57
5.8	20.98	3.49	26.14	0.166	3.36	1.41
水驱 1a	18.35	1.03	17.96	—	0.99	1.04
水驱 1.5a	7.86	0.28	7.75	—	0.27	1.02
合计	172.83	31.52	183.67	—	—	1.25

表 12 纯油藏模拟区蒸汽驱生产动态预测

生产时间 a	年注汽/水 10⁴t	年产油 10⁴t	年产水 10⁴m³	年油汽比	年采油速度 %	采注比
1	7.71	2.5	6.82	0.324	6.9	1.21
2	7.66	1.95	7.43	0.255	5.4	1.23
3	7.28	1.48	6.92	0.203	4.1	1.15
4	7.85	1.66	7.75	0.211	4.6	1.20
5	7.9	1.4	7.74	0.150	3.8	1.16
5.8	5.86	0.88	5.85	0.177	2.4	1.15
水驱 1a	6.49	1.54	5.96	—	0.58	0.95
水驱 1.5a	6.16	0.18	5.25	—	0.49	0.88
合计	56.91	10.26	53.72	—	—	1.12

结 论

（1）锦45于楼油藏的特征描述有较大问题，主要是标定储量偏低，实际储量可能为标定储量的1.3倍左右，原因是油层厚度下限过严（约少划10%左右），原始含油饱和度给得过低（68.5%），实际在80%以上；所给相对渗透率曲线偏差太大，用它们做模拟研究不会给出正确结果。

（2）开发调整过于频繁，给油藏开发动态分析造成困难，对油井的破坏太严重，这些教训应在今后的油藏开发中牢记。

（3）锦45于楼油藏的最佳开发方式是蒸汽吞吐6~7个周期转为蒸汽驱，而且应注意吞吐是为汽驱做准备，把油藏压力降到适合汽驱的压力，并且把水体的弹性能量释放出来，以降低边水对汽驱的影响。

（4）尽管蒸汽吞吐时间已过长，但转汽驱仍是最好方式。应尽快安排转汽驱工作。

（5）转汽驱还应特别注意的几点：

① 油水过渡带上10m油层厚度以上的都可布井，但要避射2~3m。

② 由于吞吐时间过长，油井基本都已发生了套外窜槽，转汽驱不用的井，拔出套管，彻底封井。留用的井要严格封堵，再重新完井。

③ 注入井原则上都要打新井，射开油层下部1/3，生产井尽量利用老井，重新完井后射开油层下部1/2。

④ 油层厚度较薄的井组（特别是油水过渡带上的），在注汽速率 $2.0t/(d·ha·m)$ 下，单井注汽速度达不到120t/d的井，井底蒸汽干度可能达不到50%以上。为了保证井底蒸汽干度达50%以上，把这些井的注汽速度都提到120t/d。

锦州采油厂汽驱研讨会上的演讲

（2010年）

锦州采油厂、欢喜岭采油厂以及辽河研究院的同志们，你们好！

今天我的讲话，希望能起到一个抛砖引玉的作用，大家共同讨论，以提高我们的汽驱技术。下面我就讲几个问题。

了解稠油开发技术发展概况，把好主攻方向

稠油开发从20世纪50年代开始发展到现在，已经历了许多开发技术试验，如水驱、热水驱、电加热、凝析气和非凝析气驱、溶剂驱，甚至各种化学添加剂驱，但真正有效并大规模应用的技术只有火驱、蒸汽驱、SAGD和蒸汽吞吐四种。

（1）从地层油黏度看各项技术所适用的范围。

火驱适合相对较稀的稠油，黏度为100～2000mPa·s。

蒸汽驱适合范围比火驱大些，黏度为100～20000mPa·s。

SAGD只适合黏度大于10000mPa·s的超稠油。

蒸汽吞吐适用的黏度范围较宽，为100～100000mPa·s。实际上它是一种有效的增产措施以及汽驱的辅助开发技术，而不是一种最终开发方式。

（2）三种开发方式适用范围，有些重叠区。在重叠区，可能有两种开发方式适合，最终选用哪种开发方式，还要看其他油藏条件，如原油黏度处于火驱与蒸汽驱的重叠区时，要看油藏深度和油层厚度等因素。

（3）前面之所以要点明稠油开发中已成熟高效的几种技术，其目的是告诉大家，作为生产单位，在选取自己油藏开发技术时，一定要选成熟有效的、适合自己油藏的开发技术。这样做的好处是：一方面可避免别人走过的弯路；另一方面是如果试验失败，不必怀疑开发技术的有效性，而只需寻找自己的油藏描述是否有大的偏差，操作有哪些不到位的地方，只要真正找到失败的原因并改正过来就能成功开发。千万不要试验那些还不成熟的所谓的"新技术"，因为它们是否有效还不清楚，什么操作条件也不清楚，如何应用还需要大量试验，这些都不是生产单位所能完成的。另外，即使选用这些成熟技术，试验前也要严格论证，试验施工和操作要到位，试验中做好跟踪分析和经验教训总结。

认清汽驱成功的操作条件，提高汽驱成功率

1. 成功蒸汽驱的四个操作条件

根据我们的研究结果，参考别人的汽驱经验，提出了成功汽驱必须同时满足的 4 个操作条件：

（1）注汽速率 $\geqslant$ 1.5t/（d·ha·m）（总厚度）；

（2）井底蒸汽干度 > 40%；

（3）采注比 $\geqslant$ 1.2；

（4）油藏压力 < 5MPa，最好 1~3MPa。

2. 关于 4 个操作条件的简要说明

（1）注汽速率。

① 定义：单井组油藏体积的日注汽量，单位：t/（d·ha·m）。

② 为什么用单井组油藏体积注汽速率而不用单井的注汽速度？因为各井组的油层厚度、井组面积不同，用井的注汽速度无法比较它们之间的相对快慢，而用注汽速率就很容易做到。

③ 为什么一定要达到这一注入速率？因为要实现汽驱，必须达到一定的注汽速率，才能保证靠凝析的蒸汽潜热，把油层加热到饱和蒸汽温度，并补偿顶底层的散热，保持油藏中有足够的汽相来实现汽驱。不然只能是热水驱或水驱。这正如我们烧一壶水，如果火开得太小，则永远不能把水烧开，只有把火开到一定大，才能把水烧开，再开大只是开的快慢的问题。

④ 注汽速率对开发效果（ER）的影响，如图 1 所示。

（2）蒸汽干度。

① 注入的蒸汽必须达到一定干度以上，否则因加热油层很快变为热水，变成水驱。

② 蒸汽干度对开发效果的影响，如图 2 所示。

（3）采注比。

定义：采出油水的地面体积，与注入蒸汽的水体积之比，它是用来表示采出与注入之间相对量的一个指标。

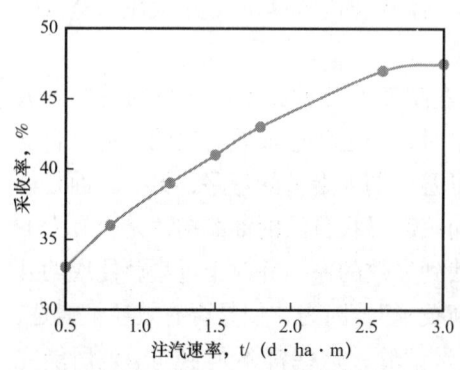

图 1 注汽速率对开发效果的影响

（注：该图为净总厚度比 0.6 的纯油层的注汽速率）

① 为什么蒸汽驱中采注比用地面体积而不像注水中用地下体积？这是因为注汽时，由于注入蒸汽干度不同，油藏压力不同，油层加热，散热条件不同，注入的蒸汽在地下的体积很难确切知道。但我们通过大量汽驱试验了解到，不同油藏要达到油藏压力基本不变，即地下注采平衡，其采注比大约在1.1~1.2范围内。为了保证汽驱过程中油藏压力不会上升，最好有所下降，因此要求汽驱中采注比要≥1.2。

② 采注比对开发效果的影响，如图3所示。

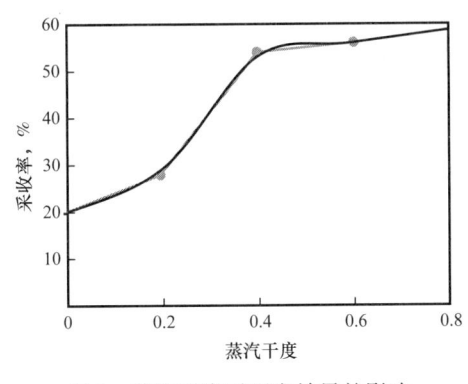

图2 蒸汽干度对开发效果的影响　　图3 采注比对开发效果的影响

（4）汽驱对油藏压力的要求。

汽驱经验告诉我们：汽驱中油藏压力越低越好。其原因可以用蒸汽性质（图4）来加以说明。

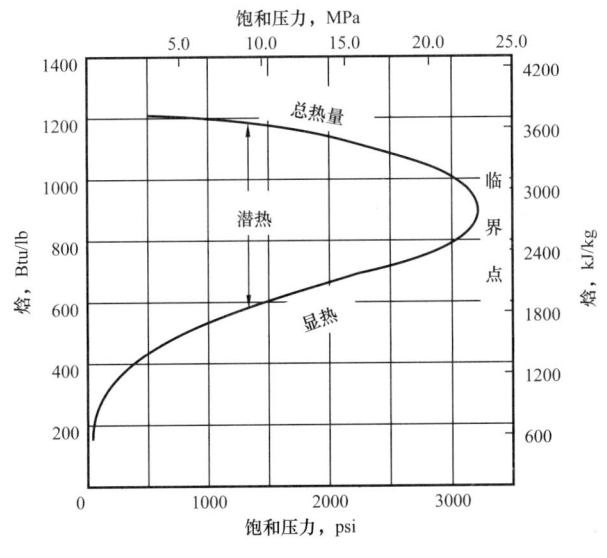

图4 饱和蒸汽相态曲线

① 要实现汽驱，油藏中必须保持一定的汽相蒸汽，这就是说必须把油藏加热到饱和蒸汽温度。但不同油藏压力下的饱和蒸汽温度有很大差别，如10MPa压力下蒸汽的饱和温度是310℃，2MPa压力下的饱和蒸汽温度为120℃，如果油藏原始温度30℃，那么把10MPa压力的油藏加热到饱和蒸汽温度所用热量，是把2MPa压力油藏加热到饱和蒸汽温度所用热量的3.1倍，这就是说，把10MPa压力的油藏加热到饱和蒸汽温度所要凝析的汽量，是把2MPa压力的油藏加热到饱和蒸汽温度的3.1倍（这里暂设不同压力蒸汽的潜热相同）。

② 由图4看出，压力越高，蒸汽潜热越少，如10MPa的蒸汽潜热为600Btu/lb，而2MPa蒸汽的潜热为900Btu/lb，即2MPa蒸汽的潜热是10MPa蒸汽潜热的1.5倍，即要想把油层加热到一定温度，所需10MPa蒸汽的凝析量是2MPa蒸汽凝析量的1.5倍。

③ 蒸汽体积与压力成反比，油藏压力越高，一定质量蒸汽的体积越小，例如，如果1t蒸汽在2MPa下的体积为100m^3，而在10MPa下只有20m^3。

由于以上三种原因，向不同油藏压力的油藏注入相同质量的蒸汽，压力越高的油藏，其保留汽相蒸汽的质量和体积越少。例如，如果向2MPa压力的油藏注1t纯蒸汽凝析0.2t，保留0.8t蒸汽相，汽相体积为80m^3；而向10MPa压力的油藏同样注1t纯蒸汽，要凝析0.93t，只保留0.07t汽相，汽相体积只有1.4m^3，大家自己可以算算，如果在2MPa压力的油藏中凝析0.3t或0.4t，那么10MPa的油藏中就根本不存在汽相了。所以汽驱中油藏压力越高，越难实现汽驱。

至于一个具体油藏，能在多低的油藏压力下进行汽驱，这取决于油藏产能、深度、边水活跃程度以及方案设计和工艺技术。如杜尔、克恩河等油藏的汽驱油藏压力为0.5~1MPa，而高升油藏和曙1-7-5油藏的汽驱中油藏压力升至7~10MPa，这是汽驱不能成功的重要原因。

成功的汽驱必须同时满足上述4个操作条件，满足不了这4个操作条件的汽驱都不能成功。但是满足了这4个操作条件的汽驱还不能保证就一定成功。这就是说，这4个操作条件还只是汽驱成功的必要条件，而不是汽驱成功的充分条件。要保证汽驱成功，还必须具备以下条件：

（1）油藏条件必须适合汽驱，在各种可能的开发方式中，汽驱能取得最好的开发效果和经济效益。

（2）油藏描述必须基本符合油藏实际，特别是油层连通性、油层厚度、含油饱和度以及隔夹层发育情况等。不然会发生设计问题而造成汽驱失效。

（3）射孔方案必须符合油藏实际，各井产液量基本能保持均衡，以保证纵向和横向上汽驱的均衡发展。

对锦45于楼油藏汽驱试验的反思

对锦45于楼油藏的汽驱试验，我了解一些，但很不够，这里所涉及的一些问题可能不够确切，仅供大家参考。

（1）锦45于楼油藏是一个适合汽驱的油藏，而且比其他任何开发方式更能取得较好的开发效果和经济效益。

（2）锦45于楼油藏的描述可能还存在一些较大的问题。

① 油层划分可能有问题。一般来说，分流河道沉积和三角洲沉积，油层顶底界面都是比较平稳或具有一定变化趋势的，但锦45于楼油藏的顶底界面不是这样，而是经常有些不知来由的凸包或凹坑，甚至相邻井的深度突然相差几十米。这些井的开发层系是否一致，它们之间是否连通，值得研究。

② 隔夹层发育情况的描述可能也有问题。锦45于楼油藏，我没有见过岩心，但我看过辽河高升油田和齐40块的岩心。这些油藏的岩心观察，油层内部很少有实际意义的不含油的泥岩夹层，有的只是几段物性较差的差油层。油藏描述中给出的高升油田的净总厚度比为0.7左右，齐40的为0.5左右。这就是说，在油藏描述中把那些差油层划归为了隔夹层，其结果使描述的油层厚度小于实际厚度，隔夹层厚度大于实际厚度。锦45是否有同样问题，值得细心的研究。

③ 油水界面深度不清。锦91块于楼油藏是一个边水油藏，油水界面深度多少，恐怕没人能给出一个正确答案。有许多井，射开油水界面深度以下的层段仍是好油层，这一问题不搞好，实际储量无法搞清。

④ 来水源头。查阅锦45的所有过去的报告，关于锦91于Ⅰ油组中上部异常产水井的水侵源头，几乎都是断层水侵之说，但没有看到说明为断层水侵的有力证据。据我们观察，油藏内部（靠近油水边界的井除外）的高产水异常井分布，与断层毫无关系，而是无规律的分布于整个油藏区域内。另外，这些井大部分是生产于Ⅱ层到高含水后上返到于Ⅰ层的井，而上返时很可能没有封堵Ⅱ层或封堵不严，使于Ⅱ层的水上窜造成的。

不同源头水的入侵需要不同的治理方法，不搞清水侵源头，就不会有有效的治理，因而这一问题还须加深研究，取得共识。

（3）蒸汽驱试验方案设计和施工上还有一些需要特别关注的问题。

① 汽驱试验区的历史拟合中，对边水的影响是在试验区来水方向上设一口虚拟注水井。这样做失去了边水的真实影响情况，因而也使初始油藏条件失去了真实性。

② 汽驱试验设计的注汽速率为纯油层厚度的 1.6t/（ha·m·d），有些偏低。如果再考虑到油层厚度可能大于设计厚度这一因素，实际注汽速率会更低。这很可能是汽驱效果不好的原因之一。

③ 设计中看不出如何保证等干度分配和各井注汽速度的控制。

④ 设计中没有见到对异常井和废弃井的处理措施。这些井如果不加严格封堵，会引起生产层与其他层的窜通，影响试验效果。

⑤ 方案设计井底蒸汽干度大于53%，在设计的注汽速度（单井100t/d左右）下，难以实现，因而也就难以达到设计的开发效果。

⑥ 实施中没有严格按配产量控制各井的生产，产液量高的井没有严格的控制，产液量低的井没有实施强排，造成平面上严重的驱替不均。

（4）结论。

锦45于楼油藏是一个适合汽驱的油藏，汽驱试验效果不够理想是因为油藏描述、方案设计、施工作业以及生产管理中都存在一些问题。我们应该总结试验中取得的经验教训，特别是教训，把它们改正过来，使试验取得成功。

会上所提问题汇总

1. 油藏工程问题

（1）汽驱正常受效井突然出现供液差，这是什么原因导致的？有什么好的应对措施？

（2）汽驱各个阶段的显著特征是什么？阶段评价的主要指标有哪些？

（3）平面上个别油井采取多种措施后仍不受效，齐40块是否有类似油井，又是如何解决的？

（4）如何利用外溢作用，提高外围井产量？怎么评价外溢作用？

（5）如何协调解决高温高产液井与温度之间的关系，延长突破时间？

（6）分采改善层间矛盾的同时，会不会加剧平面上的矛盾，给后续调整挖潜带来困难？

2. 采油工程问题

（1）高温高压井井下作业过程中，应着重注意哪些环节？

（2）钻井、侧钻和大修等大型作业时，周围注汽井是否需要停注？

（3）蒸汽驱与油井出砂有没有内在联系，采取哪些防砂手段能降低出砂影响？

（4）齐40划分注汽井分层测试合格标准是什么？不合格的井采取何种措施调整？

（5）注汽井井下管柱密封失效的主要原因有哪些？在作业过程中需采取何种措施保证注汽管柱的密封性？

（6）试验区 H_2S 含量越来越高，套管气中含有大量的 CO_2，生成这两种气体的机理是什么，如何有效防治？

3. 现场管理问题

（1）稠油生产含水波动大，并无规律可言，核实产量成为难题。怎样才能搞准产量，最大限度减少误差？

（2）资料录取的标准有哪些？在操作上应该注意哪些环节？

（3）汽驱工作制度及巡检制度有哪些应特别注意的事项？在生产井和注汽井的管理过程中，有哪些好的做法？

（4）管线结垢后对系统影响是否有相关评估？怎样减少相关损失？

对所提问题的部分回答

对所提问题，总的说来，我知道的、能给予回答的可能很少，回答仅供参考。

1. 油藏工程方面问题的回答

（1）首先要对是否真正受效做出判断。真正的受效井，必然是随着注汽的进展，产液、产油在不断地上升。如果是真正的正常受效井，后来供液差了，其可能原因有二：一是注入井或周围生产井的生产状况发生变化，使该井受到影响；二是该井本身的生产情况发生变化，如采油泵故障、砂堵等。措施是：首先，分析周围注入井和生产井是否有大的变化引起的可能，其次，分析井本身的问题。分析井本身的问题要特别注意由简到繁，如先测液面看是否是真的供液能力变差。如不是，就要检泵；如是，再分析供液能力变差的原因，探砂面是否是砂堵，如没有砂堵，再分析是否井底油层有沥青沉淀的可能，如有，可注溶剂或蒸汽解堵。

（2）关于汽驱阶段划分，不同人有不同的方法，没有定论，没有理论上的界限。我一般不太分阶段分析，如硬要我划分，我也只是大概的分为早中晚三个阶段，早期大约1年左右，中期大约2~3年，晚期大约2~3年。

在早期，不同开发历程的油藏其表现特征不同，如果前面没有其他开发过程，直接汽驱，汽驱后的产液量和产油量在这一阶段会一直缓慢上升；如果汽驱前经过较长时间的蒸汽吞吐生产，那么汽驱后产液量会很快大幅上升，而产油量是先有2~3个月的下降，然后逐渐上升，大约半年到1年上升到峰值产量。

中期阶段，各类油藏的特征基本一样，中期产液产油量都处于高峰，比较平稳。真正的汽驱这一阶段的采油速度一般在5%~7%。如达不到这一采油速度，一般说来，汽驱可能有问题。

晚期阶段各油藏总的特征也基本一样，含水上升而且较高，产油量递减。但由于晚期开发策略的不同，各油藏会有差异，如采取关闭高含水井，产液量会快速下降，而产油量缓慢下降；如采取减小蒸汽干度或转为注水，则产液量基本不变，产油量逐渐下降。

（3）采取各种措施仍不受效的井齐40也有，如试验区南面的两口井。但是对这类井要特别注意。原因分析一定要到位，这样措施才能到位，不然会发生误判、瞎治理。各种措施仍不见效的原因大多是该井处油藏条件较差或与注汽井连通较差。个别情况也有该井初期排液较少，造成该井更难见效。总之，要从简到繁逐步查找原因加以解决。

（4）总的来说外溢是负面影响，应尽量避免或减少外溢。如果大量发生外溢，不是方案设计的问题就是生产措施力度不够的问题。大量外溢会使本来有效的汽驱从表面看成为无效的汽驱，因为我们直接看到的是地面生产效果。如果发生外溢，千万不要增加外围井的产液量，这会引起更大的外溢。相反，而是应减少外围井的产液量加大试验区内井的产液量，从而提高或保持外围油藏压力，降低试验区内的油藏压力，以减少外溢。

（5）高温高产液井一般说来是与注入井有了热连通的表现。但不一定就是真正的蒸汽突破，特别是汽驱早期。升温很可能是随着产液量的提高，吞吐中存留地层中的热水的产出引起的，或产液量的增加，井筒热损失的减少引起的。这类井一般产液量较高，应适当控制这类井的产液量，加强低液井的排液，使平面上驱替更均匀，以延长蒸汽突破时间。

（6）对汽驱来说，如有好的分注技术，油藏又有好的分注条件（如隔夹层发育、管外没有窜槽等），可以分注。对于隔夹层不够发育的油藏，由于蒸汽的超覆作用，一般只射开油层下部 1/3，没有分注的必要和可能。对于生产井是否分采，一般没有必要，不必采取分采。

2. 采油工程问题

（1）高温、高压在井下作业时是需要特别注意的，但要注意高温高压的定义是什么。一般说来，汽驱油藏有高温问题，但很少有高压问题。相反，一般为低压开发。对注汽井，一般通过冷水压井即可解决。对生产井，将泵下到油层以下即可解决因蒸汽闪蒸使泵不能正常工作的问题。

（2）为了安全，建议周围注汽井停注，作业结束后通过适当加大注汽速度把少注的蒸汽补回来。

（3）一般说来，蒸汽驱中的出砂不会比蒸汽吞吐生产时更严重，大多会有所减缓。一般情况下可通过冲砂捞砂解决，特别严重时可采取简单的有一定排砂功能，又不影响产能的防砂措施（如下割缝衬管）。生产中注意不要太激动油井，开关井要平稳进行。

（4）这一问题请欢喜岭采油厂的同志回答。

（5）这一问题我回答不如搞齐 40 的同志回答，也请欢喜岭采油厂的同志给予回答。

（6）这可能是油藏原油或油层岩石中含有这些成分的物质受热分解出来的。这些气体的出现，对采油设备可能有一定的腐蚀作用，需要不需要治理，要看是否对安全生产造成大的隐患。用什么方法治理，我没有经验，需要找搞化工的人员来解决。

3. 现场管理问题

（1）汽驱过程中，从宏观上说，油井的产油，产水是比较平稳的，变化是缓慢的。由于稠油分散性差，井筒中油水混流时会出现段流或疙瘩汤的流动状态。这使我们用小取样筒取得代表样增加了难度。

解决办法，最好是在线连续检测或分离器测量，其测量值可用 10 天。也可取大样，取样时阀门要全打开，以使产出液全部进入取样器。这种取样方法，也可在一定程度上减少误差。齐 40 块用这种方法取得了很好的效果。

（2）录取资料不同，有不同标准和注意事项，因此没有统一的标准。不同人可能也不同。我的原则是少而精，宁可少而准，决不多而差。这里我举两个例子，一是辽河锦 45 压力资料，二是新疆六 2 区原油黏度资料，都是不按取资料规定，花费了大量人力、物力，取得大量毫无实用价值的两个典型实例。

对于稠油油藏,取压力资料,一般都应在压力观察井上取,而锦 45 在新钻井和吞吐井上取,取得的资料如图 5 所示。由图 5 可以看出,开发初期有的井压力就低于 3MPa,而开发后期有的井压力还接近原始压力 10MPa,这些资料对油层压力的判断毫无用处。

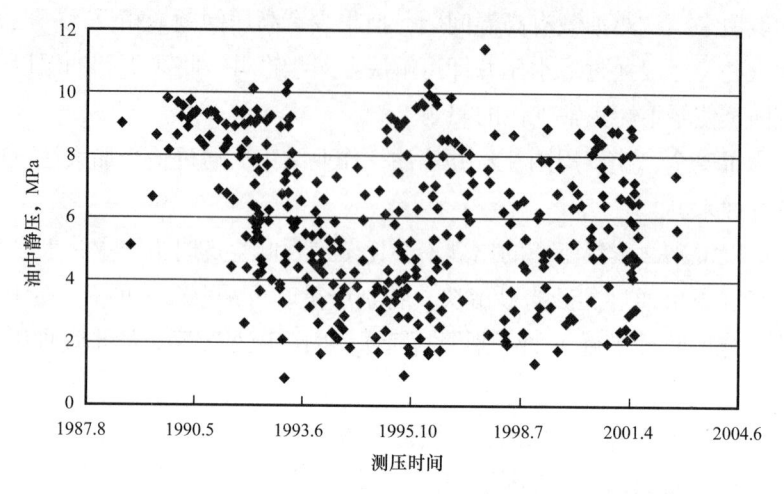

图 5　锦 91 块历年测压数据

新疆六 2 区的原始黏度资料不是在开发前由油井捞取原油样,而是在蒸汽吞吐后在各井上大量录取,表 1 是六 2 区两口相邻井的黏度资料。从这些资料可以看出,不但相邻井的原油黏度有巨大差异,即是同一口井,不同批次的黏度也有很大差别,如 61216 井的最大黏度为 3.3×10^4 mPa·s,最小为 0.4×10^4 mPa·s,而 60021 井的最大黏度为 3.0×10^4 mPa·s,最小为 1.0×10^4 mPa·s,这样的资料有什么用。

表 1　新疆六 2 区两口相邻井的黏度资料

井号	取样日期	黏度,mPa·s	
		20℃	50℃
61216	1990.11	10800	910
	1992.8	9340	560
	1992.12	3860	300
	1993.4	12200	1130
	1997.4	32800	1450
	1998.4	13400	840

续表

井号	取样日期	黏度，mPa·s	
		20℃	50℃
60021	1994.12	11000	660
	1995.3	9900	590
	1995.7	29900	1460
	2004.4	10600	690
	2004.6	14200	1010

（3）管线结垢对系统的影响决定于结垢程度。一般说来，结垢面占管线截面积1/3以下不会产生大的影响，如结垢不严重，也不要太多关注。如果结垢严重，要首先分析结垢物质，然后由相关单位解决。

关于剩余油问题的一些思考

(2010年)

为了进一步提高油田的开发效果，准确实施开发策略和开发措施，近年来对已开发到后期油藏的剩余油量及其分布给予了特别关注。不少单位设立了专门的研究课题。但笔者所看到的这方面的研究报告，大多停留在概念性、定性的水平上，并没有真正正确确定剩余油量及其确切分布结果。其主要原因是，到目前为止，还没有精确确定油层井眼处含油饱和度的方法，没有抓住确定剩余油量及其分布的几个关键问题。

为了更好地做好这一工作，笔者对有关这一问题的一些基本概念和在目前技术水平下如何做好这些工作，提出了自己的一些思考意见，供做这方面工作的同志们参考。

剩余油的定义及其类别

所谓"剩余油"是指油藏进行了一定时间的开发后仍留于油藏中的油。但一般来说，在谈到或考虑一个油藏的剩余油问题时，一般都是这个油藏在某一开发方式下，到了开发后期，为了有的放矢地采取挖潜措施，或改变开发方式才把剩余油问题提到日程上来。本文所谈剩余油都是指这一情况下的剩余油。

不同开发方式其剩余油量及其分布有很大差异。同一种开发方式，不同油藏也有很大差异。例如，弹性能和溶解气驱的开发方式其剩余油一般为70%～90%，蒸汽驱和火驱，其剩余油一般为30%～50%；水驱的剩余油则为40%～80%。剩余油的类型，根据其形成机理和形式，大致可分为以下几种：

（1）"土豆层"剩余油。由于土豆层的展布范围小，在较稀井网下可能没有井打在这一土豆层上，而没有得到开发的油。

（2）微构造中形成的所谓"阁楼"剩余油。在稀井网中，某些微凸起上没有开发井，这些微构造中的油得不到有效开发而形成的富集油区。

（3）层段剩余油。由于纵向上的非均质性，物性差的油层注入剂的注入量少而没有得到充分驱替，这些层中留下了较多的油。这是各种驱替式开发中普遍存在的一种剩余油。

（4）区块剩余油。由于井网不完善或井间开采配置的不合理，造成平面上油藏的某些区域仍有较富集的剩余油带或油区。这也是各种驱替式开发中普遍存在的一种剩余油。

（5）残余油。经过驱替剂充分驱扫过的，不能再有油产出的那部分油藏中残留下的油，称为残余油。各种驱替剂都有它自己的残余油量，而且不同油藏也有一定差异，例如，水驱残余油饱和度大约为15%~25%，蒸汽驱残余油饱和度大约5%~15%，混相驱或表面活性剂驱残余油饱和度为5%~10%，火驱的残余油只有微量。

对于各种驱替剂所形成的残余油，由于气驱、溶气驱及水驱的残余油饱和度较高，还可以用其他驱替方法进一步经济有效地开发，而对于蒸汽驱、混相驱和表面活性剂驱的残余油，目前还没有经济有效的方法进行开发。

各种开发方式其剩余油的特点

各种开发方式形成剩余油的量、类型和分布都有自己的特点。

1. 弹性驱和溶解气驱这些衰竭式开发的剩余油

这种开发方式所形成的剩余油的特点，一是多，二是单一，三是分布较均匀。这些开发方式形成的剩余油量大约为原始储量的80%~90%，而且油藏各部分基本没有外来流体，都是原油藏的油且饱和度基本相同。衰竭式开发的剩余油一般都能用驱替式开发方式进一步开发。

2. 水驱剩余油

（1）水驱残余油，是水驱剩余油的重要部分。其数量可用式（1）求得：

$$N_{or}=S_{or}E_v=S_{or}E_r/E_f \tag{1}$$

式中　N_{or}——水驱残余油量，%（OOIP）；

　　　S_{or}——水驱残余油饱和度，%；

　　　E_v——水驱体积波及效率，%；

　　　E_r——水驱采收率，%；

　　　E_f——水驱油效率，%。

式中 S_{or} 和 E_f 变化不大，如果手头没有该油藏的 S_{or} 和 E_f 数据，可以设定 S_{or}=20%，E_f=75%。得到完全可以满足工程精度所需要的 N_{or} 的近似值。

水驱残余油一般分布在注水井周围和下部油层中，特别是正韵律油藏。

（2）富集层段剩余油。水驱油藏的剩余油富集层段大多集中在水驱油藏的上部油层和低渗透层中。这是水驱剩余油的主要部分，一般占剩余油的大部分。

（3）阁楼剩余油。只有有微构造且井网不够完善、油藏高部位的油得不到有效开发的部位才有这种剩余油。在比较平坦且井网比较完善的油藏中，这种剩余油一般不多。

3.蒸汽驱的剩余油

尽管由于蒸汽驱的井网密度大，一般没有阁楼和土豆层剩余油，但由于蒸汽驱注入的是湿蒸汽，而且到地层中由于蒸汽的凝析，实际驱油的驱替剂为热水和蒸汽，而水和蒸汽的驱替前沿的稳定性和驱油效率各不相同，再加上水、汽驱替作用相对分量的变化，使蒸汽驱剩余油的分布和各种类型所占比例很难估算。

但根据蒸汽驱的经验，一个成功蒸汽驱的采收率一般为50%～60%（OOIP），即剩余油量为40%～50%（OOIP）。蒸汽波及油藏体积一般为40%～50%，其残余油饱和度5%～15%；热水波及体积为20%～30%，残余油饱和度20%～25%。由于蒸汽的超覆作用，蒸汽驱的蒸汽扫及层段一般集中在上部油层段，热水扫及层段集中在中部油层段，剩余油富集带一般都集中在下部油层段。

虽然为注蒸汽开发，但由于注蒸汽速度过低或蒸汽干度过低，或两者皆有，没有实现汽驱，实际为热水驱。这种情况的采收率一般只有30%～40%（OOIP），剩余油60%～70%（OOIP）。剩余油主要为没有被热水充分扫及的层段，不是像蒸汽驱那样主要分布在下部油层段，而是主要分布在中、上油层段。

如何做好剩余油研究

剩余油研究的重要性不言而喻，它是油藏下步开发应采取什么措施，或转变成什么开发方式决策的基础，但目前的研究远远满足不了这些需求。根据我的工作经验和目前这一研究的技术条件，提出以下研究思路，供研究这一问题的同事们参考。

（1）精确确定原始储量。

原始储量是确定剩余油量的最基本、最重要的参数。如果原始储量不够准确，那么要精确确定剩余油量就无从谈起。而且要特别注意的是，如果原始储量有问题，剩余油量的误差会更加加大。例如，如果某油藏实际原始储量为160t，标定原始储量为 100t，目前已采出 80t。那么，该油藏标定原始储量为实际原始储量的 63%，误差为 37%。该油藏目前的剩余油量实际为 80t，而标定储量的剩余油量只有 20t。标定储量的剩余油只为实际剩余油量的 25%，误差达 75%。剩余油量的误差为储量误差的 2.0 倍多。反之亦然。

由上面例子可看出，不管原始储量被高估还是被低估了，都会使剩余油量的判断出现重大错误。这会给下步开发决策造成失误。

需要特别注意的是，我国标定的储量有许多可能并不够准确。我们研究过的油藏几乎都有很大误差。如辽河油田的齐 40 块，其实际原始储量可能大约为标定原始储量的 1.5 倍，新疆油田九 4 区实际原始储量可能约为标定原始储量的 1.6 倍；河南双河油田 II_5 层的实际原始储量可能约为标定原始储量的 1.2 倍。

（2）精确确定各种驱替开发驱替剂的驱油效率。

油藏各种驱替开发方式的采收率公式：

$$E_r = E_D E_V \tag{2}$$

式中　E_r——驱替开发的采收率，%；

E_D——驱替剂的驱油效率，%；

E_V——驱替剂的体积波及效率，%。

由式（2）看出，如果一个油藏某种驱替剂的驱油效率不够准确，其波及效率就不可能准确得到，更不可能得到各种剩余油量及分布情况。

在开发中常听到油田开发工作者的一些口头禅："我们油藏为陆相沉积、非均质严重、波及效率很差"，"我们油藏水驱采收率 40% 左右，检查井发现，基本为三分制：1/3 油层强水洗，1/3 油层中度水洗，1/3 油层为弱水洗和未水洗，波及很差"，也有较稠（50~100mPa·s）的油藏，水驱采收率 20%~30%，检查井发现只有 30%~40% 的油层受到水的波及。但是数值模拟工作者的波及效果往往比油藏观察结果乐观得多，波及效果都很好。

这一矛盾现象的出现，其原因是我们的数值模拟者所用的驱替剂的驱油效率大大偏低。所用的水的驱油效率大都为 50%~70%，蒸汽的驱油效率大都为 60%~70%，而实际上水的驱油效率一般在 70%~80%，蒸汽的驱油效率一般在 80%~90%（有关水驱油的效率请读者参阅 C.R. 史密斯著《实用油藏工程》的第 12 章第二节，有关蒸汽驱的驱油效率请参阅岳清山著《油藏工程理论与实践》一书的"克恩河油藏开发试验的经验教训"一文）。如果确实找不到你要研究油藏的合用的驱油效率这一数据，建议可设水湿稀油（10mPa·s 以下）油藏的水驱油效率为 80%，油湿较稠油（50~100mPa·s）的水驱油效率为 75%，蒸汽的驱油效率可取 90%。

还应注意的一点就是对波及区的界定。本文建议对于中高孔隙度和渗透率的油藏，对水驱的波及范围取剩余油饱和度小于 45% 的区域；对蒸汽驱蒸汽的波及范围取剩余油饱和度低于 15% 的区域，热水驱的波及范围为剩余油饱和度 15%~50% 的区域。

（3）建立符合油藏实际的油藏模型。

通过油藏长期开发检测到的所有信息，以及通过上述步骤对油藏的再研究所得到的认识，重新建立油藏模型。

（4）进行数值模拟。

在所建立的油藏模型上，首先进行生产历史拟合，必要时对油藏模型进行适当修改，使之拟合结果即符合生产史，又符合开发中监测到的油藏中的实际情况。

通过以上 4 步所得到的剩余油总量，各种剩余油的分量和占比，及其分布才能得到比较可靠的结果。

在剩余油研究中，有关对原始储量、各种驱替剂的驱油效率的评估，对剩余油量及分布的准确确定的重要性及研究方法，为了避免重复，这里不再多谈，请读者参阅本书中锦 45 和九 6 区的有关章节。

开发好一个油藏必须做好的五项工作

(2010年)

2010年5月去河南油田出差，应河南油田勘探开发研究院的邀请，做了一次讲课。因当时完全没有准备，只是写了个讲话提纲。本文就是根据讲话提纲回忆的讲话内容。在这次讲话中提出要开发好一个油藏必须做好的5项工作。下面就是关于这5项工作的主要内容。

油藏描述是开发好油藏的基础

油藏描述是开发好一个油藏的基础，必须做好，但它又不能一次完成，而只能是由粗到细不断完善，贯穿于油藏开发的始终。尽管如此，我们也要必须做到，最初的描述必须基本正确，不然要影响到油藏开发方式的选择以及开发方案设计的好坏。这里不妨举两个例子：

一个是你们都知道的双河II_5层油藏。在1988年华北油田召开的第一次全国油田提高采收率潜力评估会上，你们根据现有的II_5层油藏描述所做的预测，其聚合物驱只能提高采收率1~2个百分点，否定了聚合物驱的可能性。但我认为，II_5层油藏应是适合聚合物驱的油藏。那么，为什么你们的研究聚合物驱不能提高采收率呢？我意识到可能油藏描述有问题。经研究发现，你们的储量标定有些偏小，使水驱采收率标定到48%。你们的油水相对渗透率试验，没有饱和到束缚水饱和度，水驱量又不够，使水驱油效率只有54%，因而使水驱波及效率达90%以上。这样以提高波及效率为主要机理的聚合物驱当然不能提高采收率。经我们研究，该油藏的水驱采收率不是48%，而是40%；水驱油效率不是54%，而是67%。经过这些油藏描述的修改，双河II_5层油藏聚合物驱预测提高采收率8.9%，而实施证明，在最优经济效益的聚合物注入量条件下，提高采收率10.2%。

另一个例子是新疆九4区的重新汽驱试验。该油藏原开展的汽驱效果很差，想重新设计汽驱进行试验。该油藏描述的基本特征是：油藏埋深290m，油层厚度15m，孔隙度29%，渗透率1500mD，原始含油饱和度72%，地层温度（20℃）下脱气油黏度11000mPa·s。

试验区从 1988 年 7 月投产到 2006 年底，经蒸汽吞吐和不同井距的蒸汽驱，共注汽 1698×10^4t，共产油 379×10^4t，共产水 1924×10^4t，累计油汽比 0.22，累计采注比 1.36，采出程度为 35%。

通过研究分析油藏资料，我们发现，油层厚度和净总厚度比大有问题。但这些资料是通过 20 多年、几次油藏精细描述取得的，我实在不敢怀疑其真实性。因此就依据这些油藏描述资料进行了方案设计。按油层厚度 15m 设计了注汽速率 $2.0t/(d\cdot m\cdot ha)$（净油层），根据净总厚度比 0.5 设计了射开每层的下部 1/2。

在方案实施过程中，逐渐认识到油层厚度不是 15m，而是 23m，那么注汽速率就不是 $2.0t/(d\cdot m\cdot ha)$ 而是 $1.3t/(d\cdot m\cdot ha)$ 了，这就大大低于成功汽驱的 $2.0t/(d\cdot m\cdot ha)$（净油层）以上的要求了。试验中也发现油层内部并没有有效的隔夹层，因而射开每小层下部的 1/2，使注入蒸汽主要进入了过去开发过程中所形成的气顶层中，从而过早地发生了热气窜流。因我依据错误的油藏描述所进行的设计，使试验又一次失败。

从以上两例看出，油藏描述的重要性。不准确的描述，会对油藏开发方式的选择、方案设计带来灾难性的后果。

另外，大家要特别注意的是，这里的例子只是我遇到的。我们的油藏描述，特别是稠油油藏，可能普遍存在这类问题。可惜到目前为止对这一问题还没有引起足够的重视。

要开发好一个油藏，必须选好最适合油藏的开发方式

油藏开发方式多种多样，但不同的开发方式，只适合具备一定条件的油藏。因此对一个具体油藏，不同的开发方式会有截然不同的开发效果和经济效益，而一般来说，一个油藏只有一两种最适合的开发方式。

所谓某种开发方式适合某一油藏，这里说的不是它对该油藏的绝对开发效果，而是指在与其他开发方式相比时，某一开发方式对该油藏的开发效果和经济效益都相对较好。

例如，大庆油田，水驱采收率 40%。我们相信，如果进行蒸汽驱，其采收率可提高到 50% 以上。同样，河南双河油田水驱采收率能达到 42%，我们也相信，双河油田如果采用蒸汽驱开发，采收率也能达到 50% 以上。虽然这两个油田采用蒸汽驱开发，其开发效果都比水驱好，但我们不能就此就说这两个油藏更适合蒸汽

驱。因为我们还知道，蒸汽驱生产蒸汽要烧掉大约油藏10%~12%（OOIP）的油，蒸汽驱井网密度大、操作费多，这又要比水驱多花费大约5%~8%（OOIP）的油。这就是说，蒸汽驱的采收率必须比水驱采收率高15%~20%（OOIP）以上才能说该油藏更适合蒸汽驱。我们知道，大庆油田和双河油田水驱采收率都在40%左右，而蒸汽驱估计在15%~50%左右，蒸汽驱比水驱只提高采收率10%（OOIP）左右，显然大庆油田和双河油田更适合水驱。而像锦45和你们的魏岗这样的稠油油藏，水驱基本无效，因此更适合蒸汽驱。

从以上开发方式选择的例子可看出：如果一个油藏开发方式选对了，则有望在这个油藏取得最好的开发效果和最大的经济效益。而如果选错了，则可能使一个本来有经济效益或有巨大经济效益的油藏变成一个经济效益很小甚至无经济效益的油藏。因此对一个要投入开发的油藏，必须慎之又慎地选择其开发方式。

开发方式的选择，可能受多种因素影响，主要有以下因素：

（1）受当时已有开发技术的限制。如我国许多原油黏度为100~500mPa·s的油藏，其中有些非常适合蒸汽驱或火驱，但由于当时还没有蒸汽驱或火驱技术，因而都采用了水驱开发方式。这类问题有时不可避免，过去有，将来还可能有。因为开发技术不断进步，我们能做的只能是尽量前瞻性地选用最适合的开发方式。

（2）油藏描述不对，会造成开发方式选择的失误。需要加强油藏描述工作。这方面已在油藏描述中讲过，这里不再重复。

（3）开发方式选择人员或决策人员对各种开发技术，对不同油藏的开发效果以及其费用的了解程度，对开发方式的选择有一定的影响。这需要提升开发人员的综合能力，另一方面要防止长官意志。

（4）有些条件因素和政策因素也对开发方式的选择有一定影响。如资金的多少，承包期限，环境的约束，对风险的承受力等。

要开发好一个油藏，必须有一个好的开发方案

对一个油藏来说，选对了开发方式，只是对油藏开发达到最好开发效果创造了必要条件，但还不能保证能达到最好的开发效果，要达到最好的开发效果，还必须有一个好的开发方案。因开发方案不对头使油藏开发失败的例子也很多。

不同开发方式对开发方案的依赖性有很大差别。对衰竭式开发方式和注水开发方式的黑油油藏来说，其开发方案的好坏，其影响不会太多，一般只影响5%

（OOIP）以下。但对挥发油来说，其影响可能非常大，如一个挥发油油藏，注水保持压力开发，其采收率可能达到 50% 以上，但如果保持不住较高的油藏压力，其开发效果可能降到采收率只有 20%；开发方案的好坏，对蒸汽驱和火驱的开发效果影响更大。如我国"八五"期间的 10 个蒸汽驱试验中，有 9 个就是由于方案设计不合理而失败的（详见岳清山著《油藏工程理论与实践》一书的"我国'八五'期间蒸汽驱试验的评价"一章）。从这里我们看到，对方案依赖性大的开发方式的开发方案，要特别注意其设计的正确性，不然即使有好的开发方式也可能会造成失败。

要开发好一个油藏，还要有一套过硬的采油工艺技术

关于采油工艺方面的问题，我不太懂，但我能感到，没有过硬的采油工艺做后盾也是不行的。例如，我在做齐 40 的蒸汽驱试验方案时，我曾问过搞工艺的同志，你们对齐 40 油藏的防砂有没有把握？你们对齐 40 汽驱油井排空生产（即把液面降到油层顶部）有没有把握？他们的回答是"绝对没有问题"。但实际中，对防砂没有做任何工作，生产中动液面高出油层 100~200m 再也降不下去，给顺利开发造成许多麻烦。我希望搞工艺的同志应把已有的各项工艺做到过硬。

开发中的跟踪分析和调整是确保取得开发效果的最后保证

对一个油藏来说，即使选对了开发方式，开发方案设计基本正确，采油工艺也基本配套，开发过程中也要不断做出调整才能取得最好结果。开发中没有任何调整的油藏在世界上几乎没有。之所以如此，是因为油藏的复杂性，在方案设计时还不可能做到完全准确描述；方案设计也不可能细到每个网格或每口井的具体情况。另外，实施中也不可能做到对方案的每项要求都彻底执行。因此开发中必然会出现这样或那样的问题，必须对方案做一些调整。但要注意的是，调整工作也有正确和错误之分，这决定于油藏开发跟踪分析是否抓住了问题的实质。

如美国有个汽驱试验，最初的设计是大井距的五点井网，结果采注比很低，开发效果差。他们分析五点井网设计不合理，因此加密成九点井网，但加密改变井网后仍达不到合理的采注比。于是他们又加密成十三点井网（图 1）。结果开发效果大大好转。他们这种遇到问题采取进攻性的解决方式，证实了该油藏适合汽驱，达

到了试验目的。至于井网设计问题，则在扩大汽驱中加以改正。

我们的许多做法则往往相反。如我国"八五"期间的汽驱试验，都是由于设计不合理导致开发效果很差。但我们没有采取像美国那个油藏那样，向正确的方向进行调整，而是采取减少本来就很低的注汽速度、甚至采取间歇汽驱，使汽驱效果越来越差，都以失败而告终，并把失败归罪于"油藏非均质性严重"不了了之。

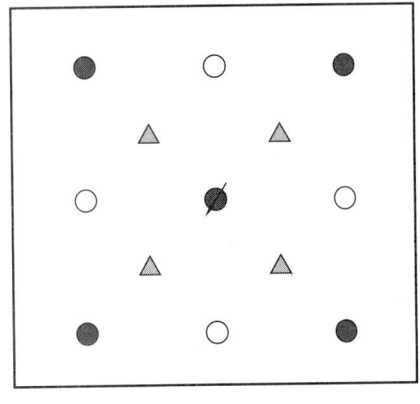

图1　十三点井网示意图

双河油田Ⅱ$_5$层油藏的聚合物驱先导试验与后来的扩大聚合物驱的效果有很大差别。前者提高采收率10.2%，后者提高甚微。不能说这里面没有跟踪分析的差别。又如辽河油田齐40块的汽驱先导试验，如没有正确的跟踪分析并根据分析结果及时调整，也不可能取得成功。有关这些跟踪分析的详情，请参阅岳清山著《油藏工程理论与实践》（石油工业出版社，2012年）一书的《齐40莲Ⅱ油藏蒸汽驱先导试验》一文中"汽驱试验的实施及跟踪分析"一节。

小　结

对如何开发好一个油藏，我这里只说了5个重要方面，但我们都知道，油藏开发是一个庞大的系统工程，任何一个环节或环节中的一个细节处理不当，都会给油藏开发带来灾难性的后果。例如，你们的波浪油田的H2水平井，冀东油田的柳10块S_3^5油藏的开发井，都因钻井完井给油层造成的伤害，使高产油藏变成了低产油藏；并且因措施不当使井的产量过早地发生递减。所以在油藏的整个开发过程中，每步工作都要慎之又慎，充分论证，对不同意见应抱着对油藏负责的精神，认真研究讨论，切不可只听与自己相同的意见而排斥不同意见。

在福州五省稠油会议上的报告

（2013年）

今天我讲的基本是稠油开发中个人的一些感受，可能问题和教训讲得较多，我相信后面将有许多同事会讲许多经验。既总结经验，又总结教训，我们才能更好发展。

稠油开发概况

1. 世界稠油开发的发展历程

从石油作为一种重要能源开始勘探开发起，人们就发现了稠油资源，但是由于以下原因而在很长一段时间没有得到正式的开发生产：

（1）由于稠油黏度高，一般都产能很低，甚至没有自然产能；

（2）由于当时还没有稠油的炼制技术，稠油只能作为低价的燃料；

（3）市场对稠油的需求很少，销售困难。

随着稠油资源的大量发现，开发开采技术和炼油技术的提高，以及市场需求的增长，到了20世纪四五十年代，人们才开始认真研究稠油的开发与开采问题。在这一过程中，人们首先想到的是如何提高稠油产量，解决稠油的举升问题。这就出现了井筒加热、掺稀及化学降黏等工艺，使稠油油井产量有所提高。但是由于稠油油藏的固有特性：油的黏度高，供液能力差，产量提高有限，一般日产只有几吨。另外，由于稠油的弹性能量低，弹性能量开发的采收率低，一般只有2%~3%。这就迫使人们研究驱替开发稠油的开发方式。

在稠油的驱替开发研究中，人们首先想到的自然是稀油开发中应用最广和最有效的水驱方法。但是试验发现，由于油水黏度比过大，注入水指进严重，波及很差，因而水驱稠油的采收率很低，地层油50mPa·s的原油，水驱采收率只有30%左右，而地层油黏度100mPa·s时，水驱采收率只有20%左右。一般说来，水驱油的开发效果随着地层油黏度的上升而急剧下降（图1），所以稠油油藏不适合用水驱方法开发。

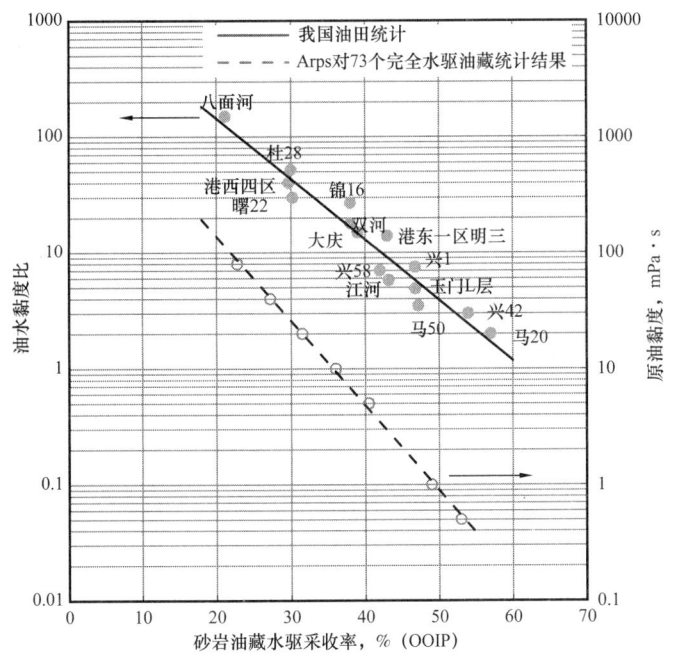

图 1 水驱采收率与原油黏度的关系

水驱不行，人们又想到是否可用热水驱方法，通过降低油水黏度比来大幅度提高稠油采收率呢？但试验表明，用热水驱也不能大幅度提高稠油采收率，原因有二：

（1）热水携带的热量有限，注入过程中热损失比例很大，生产200℃的热水，到井底还不到100℃，损失达50%以上。

（2）由于加热油层的热量是靠热水降温提供的，所以进入油层的热水推进很短距离就降到了油层温度，真正在前沿驱油的水仍是冷水。这种热前沿滞后的效应，使大部分驱替过程仍为一般水驱过程。

由于以上两个原因，热水驱比一般水驱提高采收率有限，一般只能提高5%~10%。除去生产热水烧掉的油，热水驱基本无效。只要升高油层温度几摄氏度到十几摄氏度就能大幅度改善开发效果的高凝油油藏，热水驱往往也不能取得预想效果，其原因也是上面两因素造成的。

既然热水驱也无效，人们自然想到了用携带热量更高的蒸汽。因此在20世纪四五十年代开始研究蒸汽驱。试验表明，蒸汽驱确实能大幅度提高稠油的开发效果，其主要原因是：

（1）蒸汽携带热量多，使地面和井筒热损失比例大大降低，一般设计较好的注蒸汽流程，地面和井筒的热损失只有15%～20%，大大提高了热利用率。

（2）蒸汽的加热油层，主要靠蒸汽凝析潜热，它的热前沿与驱油前沿基本一致，这就有效地降低了驱替前沿处的油—水黏度比，大大提高了波及效率。

（3）由于蒸汽汽相的蒸馏作用，它的驱油效率也比水高。

对于一个适合蒸汽驱的普通稠油油藏，其汽驱采收率一般能达50%～60%（请注意：蒸汽驱比水驱或热水驱能大幅提高采收率的主要机理是扩大波及效率，提高驱油效率是次要的，就提高采收率的作用而言，估计扩大波及的作用占70%，提高驱油效率只占30%）。

在委内瑞拉一个油藏试验汽驱的事故中发现了蒸汽吞吐，由于其工艺简单，又能大幅度提高油井产量，因而很快得到大规模应用。

在进行蒸汽驱加热油层的同时，人们也进行了空气驱（即火驱）研究。尽管由于种种原因（后面详说）火驱发展较慢，而且失败的较多，但也有大量事实表明，火驱确实是开发稠油的一种好方法。成功的火驱其采收率都在50%以上，有的达70%。

由于蒸汽驱当时只能用在普通稠油油藏中，而不能有效地用在超稠油上。因此为有效开发超稠油，1978年加拿大Butler又提出了蒸汽辅助重力泄油（SAGD）方法。试验表明，这一方法对开发块状超稠油非常有效，因此很快得到推广。

以上稠油开发发展的历程给我们的启示是：要解决油田开发中出现的问题，只有根据已有的开发经验和理论，提出适当的解决方法，通过试验，认真总结成败的原因，不断提出新的更好的方法，才能使技术水平不断提高。

2.稠油开发已形成的主要技术及成功实例

通过以上稠油开发的历程可以看到，稠油开发实践已证实的有效开发技术主要有以下几种。

1）蒸汽吞吐

（1）高升油田埋深1600m，吞吐采收率20%。

（2）加拿大冷湖油田，原油黏度$20×10^4$mPa·s，125m井距下，吞吐八九个周期采收率为20%，累计油汽比0.3。

2）蒸汽驱

（1）美国克恩河油藏，汽驱采收率60%。

（2）印度尼西亚杜尔油藏，汽驱采收率60%。

（3）中国辽河油田齐40汽驱试验，最终采收率能达63%。

3）蒸汽辅助重力泄油（SAGD）

成功应用该技术其采收率一般为60%～70%，油汽比一般为0.25～0.45，是开发超稠油的极好技术。目前应用还主要集中在加拿大，其年产量已达$2000×10^4$t以上，在我国新疆油田和辽河油田也已应用并取得初步效果。

4）空气驱（火驱）

（1）罗马尼亚Suplacu油藏。

该油藏埋深35～220m，单斜构造，油层平均厚度10m，平均孔隙度32%，平均渗透率2000mD。原始油藏条件下原始黏度为2000mPa·s。1975年开始线性火驱，年产$50×10^4$t以上稳产30多年，预计最终采收率达55%以上。

（2）美国得克萨斯州GH油藏。

1965年建成投产，油藏埋深810m，平均油层厚度3m，孔隙度36%，原油API重度为21.9°API。油层条件下原油黏度为172mPa·s。火驱最终采收率达56%。

（3）美国棉花谷油藏。

该油藏埋深为3500m左右，平均油层厚度为20m，平均孔隙度为14%，平均渗透率为85mD，原始油藏条件下原油黏度为6mPa·s。天然能量驱油机理为弹性能量，一次采收率只有6%。

一次采收率低，注水由于油水黏度比非常不利，水驱采收率也会很低，研究后决定采用火驱。自1972年火驱开始，到1982年10年时间，已产油$2.9×10^6$bbl，估计最终产$7.4×10^6$bbl，加上一次采油，火驱最终采收率为50%。

3. 我国稠油开发的历程和水平

1）我国稠油开发的发展历程

我国对稠油开发的研究并不比国外晚多少，早在20世纪60年代就开始了。以王树芝和万仁溥为代表的老一辈石油工作者，于1967年在新疆油田的黑山油藏就进行过蒸汽驱试验，同时在克拉玛依和胜利胜坨油田以及吉林扶余油田还进行过火驱试验，但由于技术设备及国内政治环境等原因，这些试验都没取得结果而中止。

真正工业意义的稠油开发是改革开放后20世纪80年代开始的。其特点是直接从美国和加拿大引进注蒸汽的蒸汽锅炉及有关设备，很快形成蒸汽吞吐的规模产量，10年时间使稠油产量达到年产千万吨级。在这一过程中，刘文章、万仁溥以及各热采油田的稠油工作者，都做出了各自的重要贡献。

20世纪80年代末90年代初，我国在新疆油田和辽河油田先后开展过10个蒸汽驱先导试验，除个别试验见到了一定的效果外，绝大部分效果不够理想。与此同时，新疆九1—九4区还开展了工业性的汽驱开发，效果也不够理想（原因后面将谈到），使我国的稠油汽驱开发受阻，当时几乎成了"谈驱色变"的程度，使各油田的汽驱停止不前。

面对这种情况，当时北京石油勘探开发研究院热采所的部分同志和辽河油田稠油室部分同志心急如焚，在没有课题经费的条件下，总结国外成功汽驱的经验和我们汽驱失败的教训，经研究提出了汽驱油藏选择的"油藏参数法"；成功汽驱的"最佳操作条件"，以及满足最佳操作条件的"汽驱方案优化设计方法"等一整套理论研究成果，并在王乃举局长的支持、王春鹏局长的同意下，于1998年开展了齐40块70m井距蒸汽驱先导试验。试验中尽管遇到了重重困难，但到2002年底试验已取得重大成功。

试验5年时间，累计注汽89.3×10^4t，累计产油16.8×10^4t，阶段采出程度33.6%，平均年采油速度6.7%，累计油汽比0.19；加上汽驱试验前的蒸汽吞吐采出程度24%，采收率57.6%。随后又陆续进行了间歇汽驱，总采收率达64%。

20世纪90年代，我国辽河油田和胜利油田还先后进行过几次火驱试验，据我所知，这些试验都因种种原因效果不好而中途中止。

关于SAGD，我国在20世纪80年代末曾在辽河油田杜84进行过一次试验；因试验效果不好，不到一年而被迫中止。2005年辽河油田又在杜84进行了直井—水平井组合式SAGD试验，据说效果不错，详情我也不太了解，我想辽河油田自己会在会上详细介绍试验情况。

2）我国稠油开发的水平

从稠油产量层面上看，我国从20世纪90年代到目前一直年产在1000×10^4t左右，可以与美国、加拿大、委内瑞拉及印度尼西亚等列为稠油产量大国。但从技术层面上看，我认为我国稠油开发的技术还比较落后。在稠油开发的几大技术中，除蒸汽吞吐技术我们比较好、规模大外，其他几大技术都还没有完全掌握或掌握的很不够，主要表现在以下方面：

蒸汽驱方面虽然有了一套基础理论并且取得了个别先导试验的成功，但掌握蒸汽驱方案设计和汽驱管理的人还很少，而且没有像美国克恩河油田和印度尼西亚杜尔油田那样大面积汽驱开发又取得好的开发效果的油藏。

在SAGD开发方面，辽河油田和新疆油田的试验见到了好的苗头，但还不知最后结果，是否能取得像加拿大那样的好结果还在期待之中。

在火烧油层方面，只是进行了几次失败的试验，最近中国石油勘探开发研究院热采所与新疆油田合作，在新疆油田红浅10的试验已看到好的苗头，但由于试验油藏不适合火驱，能见到火驱的有效性，但提高采收率幅度、经济效益有限，距离成功应用可能还有很长的路要走。要达到像罗马尼亚、美国及印度的水平，可能还需要更多的研究。

这里只是谈到对我国稠油开发水平的总的概括的看法，有关我们应用中各开发技术的具体问题，将在后面各种开发技术中具体讲，这里不再多述。

蒸汽吞吐技术

1. 蒸汽吞吐技术的缺点

由于蒸汽吞吐技术工艺相对比较简单、见效快，因而该技术发明后很快就得到广泛应用。但是在应用中人们很快发现了它的缺点：

（1）由于蒸汽吞吐主要是通过注入蒸汽降低井底附近原油黏度实现大幅增产，而增加地层能量或驱油作用很小，所以提高采收率有限。它的采收率一般只有20%左右。因而它不是开发稠油油藏的高效方法，更不是油藏开发的最终方法。

（2）长期进行蒸汽吞吐作业，对井的伤害很大；经多次吞吐的井，很难再承担其他开发方式的生产任务。

（3）吞吐开发时间越长，油层非均匀动用程度越严重，对下步其他开发方式越不利。

2. 蒸汽吞吐的应用

鉴于以上原因，国外很快把已蒸汽吞吐开发的油藏转为其他开发方式（主要为蒸汽驱）；对新的稠油油藏除非因黏度过高或油藏压力过高而不能顺利进行蒸汽驱时，才把蒸汽吞吐作为汽驱前的辅助措施进行一段时间（如加拿大的和平河油田）外，否则就直接进行蒸汽驱（如印度尼西亚杜尔油藏）。

我国的稠油开发走了另一条路，引入蒸汽吞吐后很短时间就把所有已发现的稠油油藏都投入了蒸汽吞吐开发。在没有其他稠油开发技术准备的条件下，被迫一直进行吞吐，许多油藏已吞吐20多年还在进行不死不活的低效率的吞吐开发。从技术层面上讲，这是我国稠油开发决策的一大教训，应认真吸取。

新疆油田六东区克油组的开发就是没有吸取这一教训的典型例子：经研究，该油田适合蒸汽驱，而且不需要蒸汽吞吐或一个吞吐周期后就可转为蒸汽驱，并且于2000年左右与齐40同时立为中国石油天然气集团公司的"蒸汽驱示范工程"项目，准备进行蒸汽驱先导试验。但是新疆油田在先导试验方案还没完成的情况下就在六东区布了几百口井进行了蒸汽吞吐，并且在第一周期见了一点效果的情况下，便忙于吞吐，不再进行汽驱试验了，项目被迫中止。使六东区的开发又走上了长期吞吐的老路。据说由于吞吐效果并不好（注水开发过的稠油油藏吞吐效果不会太好），现正准备油井上返利用，这有可能会葬送该油藏的开发。

时至今日，在吸取经验教训的基础上，我认为稠油开发的正确路子是：对一个要考虑开发的稠油油藏，首先要通过认真的评价，选出最适合的开发方式（包括是否要吞吐）；然后是积极地做好所选开发方式的技术准备，并通过试验证明所选开发方式是合适的，技术上是配套可靠的，最后再投入全面开发，不然宁可晚开发。

为了有效开发，国外油田长期做技术准备的例子是很多的。我们知道，美国克恩河油藏，为了证明汽驱的可行性，用了10多年时间，对不同地质条件做了近10个成功的试验后才投入正式汽驱开发；加拿大的超稠油油藏用了几十年的时间，进行了多种试验，最终找到了SAGD这种高效的开发方式后才大面积投入开发。他们的做法很值得我们学习。

3. 对蒸汽吞吐应用的几点认识

蒸汽吞吐技术可以说是我们开发稠油的"杀手锏"。我们也确实对这一技术做了大量工作，有许多工艺技术处于世界先进水平。但我认为，我们还应解决以下认识或技术问题：

（1）蒸汽吞吐并不是开发稠油油藏的一种高效方法，一般情况下不能把它作为油藏的最终开发方法来使用，而只能作为其他高效开发方式的一种辅助措施来使用。

（2）不论油藏条件（油层厚度、原油黏度）和井网密度如何，我们的蒸汽吞吐周期，其注汽量基本都在2000t左右，这一做法是否合适值得怀疑。

例如，原油黏度小，地层中有一定流动能力的，只要注入少量蒸汽解决井底附近的问题，就可较长时间产油，我们就应该少注些；当地层油黏度高（如超稠油），热波及不到的地方油就没有流动能力，这时就必须多注些，使热波及范围大些，以达到较长时间产油的目的。再如，厚油层稀井网时就要多注些，薄油层密井网时就可少注些。这里不妨用举例来说明这一问题，例如一个油藏油层厚度40m，井距100m，注2000t汽只相当于油藏体积的0.5%，而对一个油层厚度10m，井距70m的油藏，注2000t蒸汽则相当于油藏体积的4%。显然，同一注入量对两个油藏来说，其注入强度相差8倍，对第一个油藏注入量显得太少，而对第二个油藏又显得过多。

（3）不同注汽策略对吞吐开发效果有不同程度的影响。

我们可以从以下实例看出：

加拿大冷湖稠油油藏，地层油黏度$20 \times 10^4 mPa \cdot s$，在井距125m下吞吐开发，吞吐生产周期一般在9个月到1年，生产7年采收率为20%，累计油汽比为0.3。

报道中虽没有有关周期注汽量数据，但可以肯定，没有大的周期注入量对超稠油来说不会有如此长的生产周期，在如此大的井距下也不会有如此高的采收率。

再让我们看看我国超稠油吞吐情况。由于周期注汽量少（一般只有1000~2000t），周期生产时间很短，一般只有2~4个月。即使在70m井距下吞吐十几年，采收率也很少有达到20%的。

（4）再不能把主要精力集中在已吞吐近20年的"改善吞吐效果"上了。这些油田吞吐开发已没有什么潜力，再这样下去不但白浪费人力物力，而且会使油藏更加复杂化，不利于未来的开发。应把精力转到寻找未来开发方式的工作上去了！

蒸 汽 驱

1. 十大汽驱试验的失败

实践证明，蒸汽驱是稠油油藏，特别是普通稠油油藏的一种高效开发方式。对一个适合蒸汽驱的油藏来说，其汽驱最终采收率一般都可达到50%~60%。

既然国外的开发实践证实蒸汽驱是开发稠油的一种高效方式，而我国的十大汽驱试验为什么又都失败了呢？当时的主要争议点是：在私下，设计者抱怨现场不认真执行方案设计，现场人们则抱怨设计不符合实际。而在公开场合两者又都把问题推到不会说话的油藏地质上去啦，说什么我国稠油油藏是"陆相沉积"，"非均质严重"等，唯独没有人的责任，大家皆大欢喜。花了大量学费没有总结报告而不了了之。根据我们的研究，10个汽驱试验失败的主要原因是方案设计问题。

2. 成功汽驱操作4条件的提出

由于蒸汽驱试验的失败，在20世纪90年代中期使蒸汽驱在我国处于低谷，简直到了"谈驱色变"的局面。在没有有关蒸汽驱研究课题的情况下，中国石油勘探开发研究院热采所和辽河油田勘探开发研究院稠油室的个别同志只能在私下研究这一问题了。

他们分析总结了影响蒸汽驱开发效果的主要油藏特征参数，并通过数值模拟方法确定它们的影响规律，提出了通过油藏参数预测蒸汽驱开发效果的预测方法。这为蒸汽驱油藏选择以及实施蒸汽驱的开发效果预测提供了重要手段。

接着他们又在总结国内外蒸汽驱经验教训的基础上，通过数值模拟方法，研究了汽驱主要操作条件对汽驱开发效果的影响，并提出了成功汽驱必须同时满足的4个操作条件：

注汽速率≥1.5t/（d·ha·m）（总油层厚度）；

采注比≥1.2；

井底蒸汽干度>40%；

油藏压力<5MPa，最好低于3MPa。

3. 对成功汽驱四条件的简要说明

1）关于注汽速率

我们知道，要有效加热油藏，必须有足够的注汽速率。只有注汽速率达到1.5t/（d·ha·m）（总油层厚度）以上，才能加热整个井组的油藏，使整个汽驱井组得到有效开发，否则只能动用井组油藏的一部分。关于注汽速率对开发效果的影响如图2所示。

由图2看出，注汽速率对汽驱效果影响很大。当注汽速率为0.5t/（d·ha·m）（净油层厚度）时，采收率只有32%；随着注汽速率的增加，采收率直线上升；而注汽速率超过2.5t/（d·ha·m）（净油层厚度）以后，开发效果的改善就不明显了。这说明要取得好的汽驱效果，注汽速率必

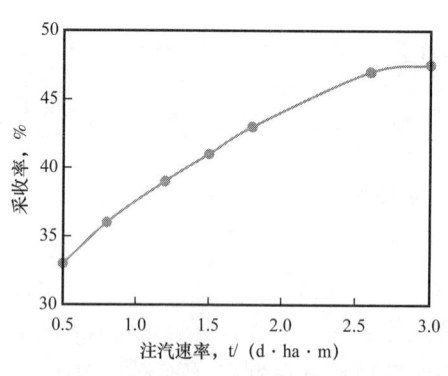

图2 注汽速率对汽驱效果的影响

须达到2.5t/（d·ha·m）（净油层厚度）以上（注：这里的数值模拟结果是净总厚度比0.6的纯油层体积的指标，总油层厚度注汽速率大约为1.5t/（d·ha·m）。由于净总厚度比往往不太准，所以后来改为用总油层厚度）。

2）关于采注比

采注比是油藏中采出流体与注入流体量的一个比例指标。它代表着油藏中的注采平衡状况。由于注入汽的多变性，很难估计注入蒸汽在油藏中的体积，所以注汽中的采注比用采出油水体积与注入汽的水当量体积之比来表示。稠油开发实践表

明，汽驱采注比在1.15~1.2范围时，油藏中大致处于注采平衡。采注比对汽驱效果的影响如图3所示。

由图3看出，采注比对汽驱效果的影响有一个突变。当采注比小于1.0时，注多于采，油藏压力要升高，蒸汽凝结成水，油藏中的汽驱基本变为水驱，采收率低（不到20%）；当采注比从1.0增加到1.2时，这是从水驱向蒸汽驱的过渡期，汽驱开发效果也从低效的水驱迅速变为高效的汽驱；而当采注比大于1.2时，采出多于注入，汽驱中油藏压力降低，油藏中能保持好的汽驱条件，开发效果都比较好。

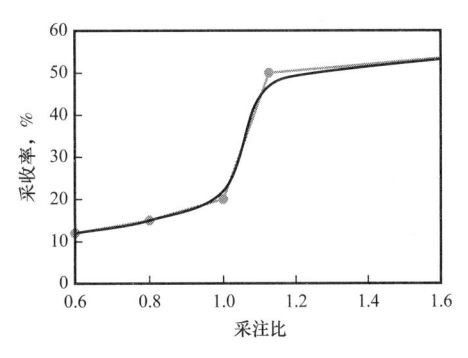

图3 采注比对汽驱开发效果的影响

3）关于蒸汽干度

要实现油藏中真正的汽驱，必须在要求的注汽速率下，把具有一定干度的蒸汽注入油藏中。那么，在一定的注汽速率[如1.5t/（d·ha·m）（总油层厚度）]，总油层厚度下将多高干度的蒸汽注入油藏，即可保证为真正的蒸汽驱呢？对此研究结果如图4所示。

由图4可以看出，在足够的注汽速率下，只要注入蒸汽干度大于40%，就能保证为高效的蒸汽驱。当蒸汽驱干度低于20%时，少量的汽相很快被加热油层所消耗，油藏中的驱替实际是低效的水驱，干度从20%增加到40%，这一过程是从水驱向汽驱的过渡期，所以成功的汽驱注入蒸汽干度必须大于40%。

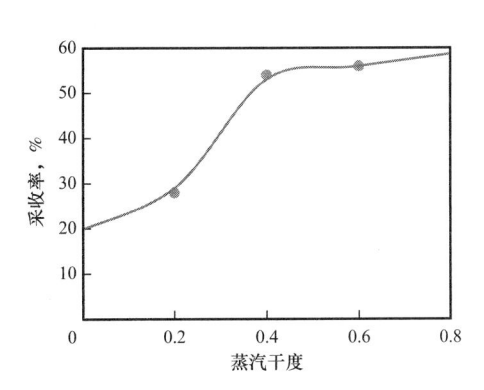

图4 蒸汽干度对汽驱效果的影响

4）关于汽驱的油藏压力

关于汽驱油藏压力对汽驱的影响，简单地说压力越低越好。其原因是，压力越高，把油藏加热到相应压力的饱和蒸汽温度所需热量越多，即注入的蒸汽凝析越多，保留下来的汽相量就越少。我们又知道，气体体积与压力成反比，即压力越高一定质量蒸汽的体积越小。

由于以上原因，注入同样的蒸汽，当油藏压力高时，油藏中汽相的体积会很小，甚至当油藏压力高到一定程度，汽相完全消失。因此汽驱油藏压力越低越好。汽驱开发实践表明，汽驱油藏压力高于5MPa时没有一例是成功的。关于油藏压力对汽驱效果的影响如图5所示。

由图5可以看出，随着油藏压力的增高，汽驱效果迅速下降；当油藏压力处于1~3MPa时，都能高效汽驱；当油藏压力处于5MPa以上时，开发效果就很差了，所以汽驱油藏压力最好低于3MPa。

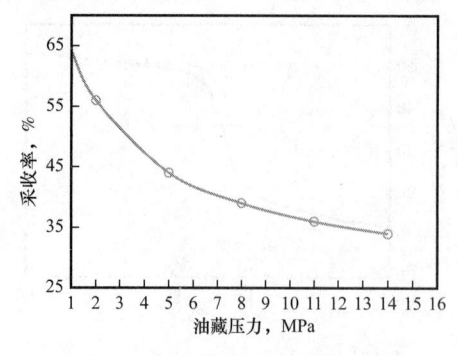

图5 油藏压力对汽驱效果的影响

从以上各操作条件的影响可以看出，每个条件的影响都很大。任何一个条件得不到满足，汽驱都不能取得好效果。因此，成功的汽驱必须同时满足4个操作条件。

4. 成功汽驱4条件的例证

大量的汽驱实践证明，凡成功的汽驱其操作条件都满足汽驱操作4条件。反之，凡不能满足汽驱4条件的汽驱，都是失败的汽驱。这里我们从正反两个方面各举两个例子来说明。

【例1】 美国克恩河油藏米加区的汽驱试验。

该油藏为块状油藏，埋深300m，总油层厚度25m，初始含油饱和度50%，地层温度下脱气油黏度1000mPa·s，汽驱中平均单井排液速度52t/d。单井注汽速度40t/d；试验由12个面积为1ha的五点井组组成。汽驱4.6年，采收率56%(IOIP)。

由所给油藏数据及动态数据可算出，它的总油层厚度的注汽速率是1.6t/(d·ha·m)，采注比是1.3。汽驱中的油层压力，资料中没有谈及，但从油层埋深300m、采注比1.3可知，汽驱中的油藏压力肯定低于3MPa。资料中也没谈及注入蒸汽的干度。但从克恩河油藏其他汽驱资料看，井底蒸汽干度可能在50%以上。完全满足汽驱操作4条件，所以是成功的。

因此可以说，米加区汽驱试验的操作条件基本满足成功汽驱4条件，因而也取得了好的开发效果。

米加区的汽驱虽然成功了，但请读者也要注意它的设计存在的问题：如果当时不是采用五点井组，而是采用九点井组，可以把井距扩大到90m，可少打1/3的井，而且单井注汽速度可达120m³/d，提高了井底蒸汽干度，这样其经济效益和开发效果会更好。

【例2】 印度尼西亚杜尔油藏的汽驱。

杜尔油藏埋深200m，互层状油层，总油层厚度35m，汽驱前一次采油采出程度8%，初始含油饱和度55%。汽驱采用的是面积为6ha（125m井距）的九点井组。该油藏汽驱中单井平均产液量135t/d，单井注汽速度330t/d。据说目前汽驱区采出程度已达60%以上。

同样，从以上油藏数据和动态数据可算得，它的总油层厚度的注汽速率为1.57t/（d·ha·m），采注比为1.23，据资料报道，汽驱中的油藏压力为1.0~1.4MPa；蒸汽干度无可得知，但从井深（200m）和注汽速度（单井330t/d）可判断，注入蒸汽干度可能达60%。

所以杜尔油藏的汽驱也能满足成功汽驱的4条件，因而也取得了好的开发效果。

【例3】 新疆油田九3区汽驱试验。

油藏条件：埋深240m，层状油层，油层净厚度大约7.8m，原始含油饱和度65%，地层温度下脱气油黏度5500mPa·s，试验前蒸汽吞吐采油5.4×10^4t，采出程度23.2%。该试验采用9个面积为2ha的五点井组，汽驱试验从1990年1月开始，至1994年12月结束，汽驱4年，共注汽33.8×10^4t，采液21.1×10^4t，产油2.6×10^4t，累计采注比0.6，累计油汽比0.08，汽驱采出程度11.2%。

由以上油藏数据和动态数据可以算出：该试验单井平均注汽速度为26t/d，其净油层厚度下的注汽速率为1.7t/（d·ha·m），由于不知该油藏的净总厚度比，不能准确知道其总油层厚度的注汽速率，但根据九区其他区块的值，大概在0.5左右，那么其总油层厚度的注汽速率大约为0.8t/（d·ha·m），远低于成功汽驱的要求值。采注比只有0.6，远没有达到成功汽驱要求的1.2；该油藏浅，油藏压力估计不会超过3MPa（由于采注比低，油藏压力有可能超过原始压力，但不会超过太多）；由平均注汽速度26t/d可知，尽管井浅，根据经验井底蒸汽干度可能很低，估计只有10%~20%。由于采注比、注汽速率和井底蒸汽干度都没有满足，所以汽驱效果很差，油汽比只有0.08，汽驱采收率只有11.2%，加上吞吐采油，最终采收率只有34.4%。

【例4】 辽河杜163汽驱试验。

油藏条件：埋深1000m，层状油层，净油层厚度27.4m，地层温度下脱气油黏度2200mPa·s，试验前蒸汽吞吐采油5.2×10^4t，采出程度12.6%。

蒸汽驱试验采用4个面积为2ha的五点井组，试验从1991年9月开始到1997年9月，汽驱6年，共注汽57.6×10^4t，采液45.5×10^4t，产油10.5×10^4t，汽驱采收率25%。

从油藏静态数据和动态数据可算得，该油藏汽驱中的注汽速率只有1.2t/（d·ha·m）（净油层厚度），采注比只有0.79。资料中没有关于注汽干度的记录，但我们从注汽数据可以算得，试验中单井平均实际注汽速度只有66t/d。汽驱实践告诉我们，千米深的井，这样低的注汽速度井底干度达不到40%。

有关汽驱中的油藏压力，我记得资料中曾谈到，由于注多采少，汽驱中油藏压力不断上升，最高达到7MPa。

由以上操作条件看出，它的操作条件基本都达不到成功汽驱的操作条件，因而汽驱效果很差，汽驱阶段采出程度只有12.6%，最终采收率只有37.6%。

5. 成功应用汽驱技术我们还应做的工作

尽管我们对汽驱技术已做了大量工作，取得了一些进展，但要把它变成一个成熟的技术，大面积应用，可能还要做许多艰苦细致的工作。就我所了解的情况，我国的汽驱还有以下工作需要加强。

（1）需要踏实地加强油藏描述工作。

正确的油藏描述，是正确选择开发方式和正确设计方案的基础。如果基础不可靠，会发生选择和设计的失误。在油藏描述方面，根据我的工作经验，我认为我们的油藏原始含油饱和度普遍偏低，油层划分标准过于严格，水驱和汽驱实验室测定的驱油效率偏低，各方面都存在较大的问题。有关这些方面的问题，为避免重复，在本节中删去。有关内容可参阅本书有关章节。

（2）迄今，有的方案设计本身满足不了成功汽驱条件，有的虽然看似能满足成功汽驱条件，但由于脱离实际实施中不可能达到。

这里我们再举两个例子。

【例5】 高升3-4-032汽驱先导试验。

油藏条件：埋深1600m，块状油层，油层厚度为62m，地层温度下脱气油黏度为2300mPa·s，汽驱前进行过衰竭式和蒸汽吞吐开采，其采出程度分别为12.5%和8.7%，即汽驱前的总采出程度为21.2%。

汽驱方案设计要点：4个面积为4.5ha的反五点井组；单井注汽速度为160t/d；井底干度60%，采注比为1.25。

分析：由以上油藏和设计数据可看出，方案设计的注汽速率过低。根据方案设计条件，注汽速度为160t/d，其注汽速率只有0.57t/（d·ha·m），远低于成功汽驱合理的注汽速率。

另外，尽管设计的采注比和井底蒸汽干度看似合理，但方案设计的指标，实际中不可能达到。在设计的五点井组条件下，要达到设计的注采比 1.25，要求单井产液量要达到 200t/d。对该油藏来说，这一产液量要求是达不到的。事实上，实际产液量平均只有 51t/d，实际采注比只有 0.32。

方案设计井底蒸汽干度为 60%，实际也是达不到的，井深 1600m，在当时的隔热条件下，吞吐注汽速度为 300~400t/d，井底干度只有 20%~30%，160t/d 的注汽速度下干度如何能达 60%？由以上分析可看出，注汽速率设计过低，采注比和井底蒸汽干度虽然设计合理，但由于设计不结合实际，实施中不可能达到，故使试验失败。

【例 6】 杜 163 汽驱试验。

油藏条件：埋深 1000m，层状油层，净油层厚度为 27.4m，地层油黏度为 2200mPa·s，汽驱前吞吐生产，采出程度为 12.6%。

方案设计要点：4 个面积 2ha 的五点井组，单井注汽速度为 120t/d，采注比为 1.3，井底蒸汽干度为 60%。

分析：从方案设计的各项指标看，都能满足成功汽驱 4 条件，看似合理的注汽速率 2.2t/（d·ha·m）（纯油层），采注比 1.3 及井底蒸汽干度 60%，汽驱中油藏压力会大幅下降。但是，方案设计严重脱离实际，设计指标实际是达不到的。

根据设计采注比 1.3，在设计的五点井组条件下，要达到这一指标，要求单井产液速度为 156t/d。实践证明，油井实际产液速度只有 52t/d，即采注比只有 0.43；由于采注比低，注入多，产出少，油藏压力最后上升到 7MPa 左右；井底干度虽然没有资料证明，实际也不可能达到合理干度。

所以尽管设计指标看似基本合理，但由于设计严重脱离实际，4 个汽驱操作条件都达不到，所以试验也归于失败。

（3）我国的汽驱工艺流程也存在一些问题。

① 据我所知，我国某些油田，采用集中供汽，供汽半径约 2km，而单井注汽速度只有 30~60t/d。这样的条件我估计井底蒸汽干度将会很低，甚至没有干度。

② 某些油田注入井没有安装控速和计量装置，在多井同时注入的情况下，各井注入量并不是所预计的注入量。这不但会造成油藏开发的非均匀性，也无法精确研究油藏中的开发动态。

③ 注汽流程设计中，只给出了选定的输汽管径尺寸和 T 形或球形分配（有的加有混相器）。这样的设计，并不能保证等干度分配。要知道，要达到等干度分配，

分流前管道中的流体流动状态必须是雾状流。为保证雾状流必须要在预计的输汽条件（流量、压力、干度及管长等）下，通过复杂计算才能确定所用输汽管道的管径，而设计中没有这一设计过程，如何知道设计的输汽流程能保证等干度分配。关于如何设计输气管道，请参阅辽河油田译的《稠油热采工艺手册》。

（4）录取的资料多而乱，没有可信度，应规范取资料要求，做到少而精。

关于这方面有很普遍性。为了避免重复，这一内容也被删去，读者可参阅本书有关章节。

（5）关于跟踪分析的问题。

任何一个开发方案，由于地下的复杂性，不可能做到100%符合油藏实际情况。这些问题只能随着开发的进行，不断暴露，分析发现而加以解决，从而使开发向好的方向发展，保证开发的成功。

我发现，我们的开发分析工作，大都是做表面文章。统计注多少，产油多少，产水多少（当然这是必要的）。随后就是大做这特征、那特征，这规律、那规律的文章。但是为什么会出现这些所谓的"特征""规律"，这些特征是正常的还是非正常的，是好现象还是坏现象就不谈了。这些特征规律是油藏原因还是与我们的操作条件（注汽、注汽压力、干度等）有关，与地下驱替状况有什么关系就不谈了。要想改变不好的特征规律，应采取什么措施就更不谈了。所以，费了大量精力，做出的这特征那规律，与改进开发有什么关系，只有天知道了。

在稠油油田开发方面，我认为我们与技术先进国家差距很大。任何一种开发技术在国外也不是一试就成功的，他们是在试验失败中发现问题，做出改进，不断把技术推向完善，最后取得成功。但我们只总结拔高经验，而不善于、不愿意从失败中吸取教训，十大汽驱试验失败不了了之就是一例。

蒸汽驱跟踪分析是一个很重要的工作，做好也是一项很难的工作。我们各油田研究院应大力培养这方面的专门人才。

关于跟踪分析、发现问题、解决问题，把开发形势引向好转的例子，请读者参阅本书的姊妹集《油藏工程理论与实践》一书中的《双河油田北块Ⅱ$_5$层聚合物驱试验》《齐40莲Ⅱ油藏蒸汽驱先导试验》。

我这里再次声明：① 这里分析揭示的问题，不一定就正确，即使正确有些可能也是马后炮，在当时如果我从事这些工作，可能犯的错误更多。② 分析揭示这些问题，绝不是要冒犯当时的工作人员，揭示这些问题的目的是为了在今后的工作中不要再犯这些错误，从而提高我们的油藏开发水平。

火驱技术

尽管火驱（或火烧）技术在试验应用项目中成败参半，但它在成功项目中所表现的开发稠油的高效性（采收率达60%~70%），证明了它是一个好的开发石油的技术。同时也说明了火驱失败的原因不是火驱自身的原因，而是外部因素。通过大量资料的总结分析，我初步认为，造成火驱失败的外部因素主要在三个方面。

1. 油藏选择的失误

火驱技术与任何驱替开发技术一样，有它自己最适合应用的油藏条件。我们知道，许多火驱项目是在油藏没有任何有效开发方式而用火驱去试试的情况下开展的。如美国中大陆的许多横向连通性很差的透镜状油藏，就是在找不到有效开发方式的情况下开展的多项火驱试验，结果都是以失败告终。又如我国科尔沁油藏，它是一个低孔隙度、低渗透率、含油很差的贫油藏，不适合火驱。也是由于没有有效的开发方式而要拿火驱去试试，失败也是必然的。同样，最近几年胜利油田开展的几个火驱项目，也是因油藏条件不适合造成失败的。由于油藏选择失误而造成的火驱失败，在火驱失败项目中占有很大比例，估计可能占到约1/2。

火驱经验表明，尽管火驱适应的油藏条件较宽，但是也必须满足一些基本要求。对火驱有利的油藏条件是具有较好的横向连通；较高的孔隙度和渗透率；较低的原油黏度。什么样的油藏条件适合火驱，这方面已有大量筛选标准供大家参考，这里不必再谈。

2. 设备及井况造成大量项目的失败

有许多火驱项目，特别是火驱技术的应用早期，火驱技术的主要设备压风机还不够过关，有些项目并不是专购的，而是临时借用的旧的其他用途的压风机（如科尔沁油藏火驱试验中就曾从各采油厂调用扫线用的压风机）。项目进行中经常出事故，最终导致中途停止。

另外，许多火驱项目，特别是火驱技术应用早期，所用的井大都是非热采完井的井况很差的老井，这种井承受不住火驱的高温条件，因此被迫中断的项目也屡见不鲜。

3. 方案设计和操作条件的一些失误

关于火驱方案设计、操作条件方面的失误，主要表现在以下几个方面：

（1）井网设计的失误。

受过去经验的影响，没考虑火驱的特殊性，许多火驱项目设计的井网为面积井网。在这种井网下，每口生产井是多向受效。在一般驱替方法下，一方驱替剂前沿到达后，油井还能继续生产，其他方向的驱替还能继续进行。但火驱则不能，生产井任一方向的火烧前沿一旦到达该井，该井就不能再继续生产了，其他方向的驱替就被中止。因而在这种井网条件下，火驱难以取得好的开发效果。排状井网可有效地避免这一问题，火驱从一个方向进行，当火烧前沿达到某一排生产井时，可及时把这一排生产井转为注空气井，再继续向前推。火驱实践业已证明，排状井网更易取得成功。

（2）设计中没有充分考虑火驱的气驱机理。

我们知道，由于重力分异作用，非混相气驱在水平油藏上一般都收不到好的效果，而在具有一定倾角，由高部位向低部位进行的气驱，利用重力分异作用则能取得好的开发效果。

由于初期认为火驱主要机理是加热油层，降低原油黏度，因而在设计上也就没有过多考虑重力作用。随着研究的深入，人们认识到火驱的重要机理是烟道气（包括燃烧过程中生成的蒸汽）的驱替作用，加热油层降低油的黏度只起辅助作用。因而也才认识到为什么从高部位向低部位的排状驱替最易获得成功的原因。这再一次说明了利用理论、总结经验教训的重要性。

（3）设计或实施中没有充分考虑维持火烧前沿推进条件以及注采平衡问题。这方面造成火驱效果差或失败的例子也不少。由于这方面的问题过于专业，不易说清，这里也就不谈了，读者可参阅王弥康等《火烧油层热力采油》和岳清山等《火驱采油方法的应用》的有关内容。

总之，我这里详谈这些失败的原因，以便于研究者在今后的工作中避免重犯这些错误。我相信，只要我们避免这些错误，火驱成功的概率会大大提高。

蒸汽辅助重力泄油（SAGD）技术

SAGD技术是20世纪80年代末加拿大巴特勒等人发明的。该技术对块状超稠油油藏特别有效。

加拿大发明SAGD以后，我国很快就于1998年在杜84块进行了双水平井SAGD试验。大家都知道，试验失败了。失败的原因众说纷纭，但我认为在当时技术条件下，造成失败的主要有两个原因：

（1）自喷设计必然失败。

自喷设计可能是受加拿大的影响。我们知道，当时加拿大进行的SAGD油藏埋深都在 200m 左右。SAGD 操作的油藏压力都在 2.5~3MPa（这是 SAGD 的合适压力），高于原始油藏压力，自喷生产没有问题。但在我们的油藏埋深 800m，在设计 SAGD 油藏压力 5MPa（这里暂不谈这一设计是否合适）的条件下，不可能自喷。实际上，当油藏压力升到 8~9MPa 时仍达不到设计的采注比。因注多采少，形不成汽腔，产油很少，因而被迫中止了试验。这里充分说明了不结合实际情况照搬别人经验的危害性。

（2）即使设计泵抽在当时技术条件下也会失败。

我们知道，在 20 世纪 90 年代还没有大排量的泵。因此当时加拿大的 SAGD 都是用在 200m 左右的浅油层上。在油藏压力高于原始地层压力下自喷生产或"连抽带喷"来实现 SAGD 所要求的大排量（300t/d 以上），但是在 800m 深的杜 84 油藏，要在 SAGD 合适的油藏压力（2~3MPa）下完成排量高达 300t/d 以上的任务，没有大排量泵的情况下是不可能的。如果完不成高的排液任务，地层压力会不断升高，汽腔就难以形成，SAGD 会归于失败。这再一次说明，没有一定的技术准备就急忙上马一项新技术，是多么的危险。

最近几年，辽河油田在杜 84 又进行了新的 SAGD 试验，新疆油田在风城也进行了 SAGD 试验。据说都已取得了一定的成功。由于对情况了解不多，这里就不多说了。

稠油开发发展方向

稠油热采（包括注蒸汽、注空气）从 20 世纪 50 年代问世以来，由于它几乎是开发稠油油藏唯一有效的方法，因而迅速发展成强化采油的最重要的方法，它的产量一直占到世界上强化采油的 60%~70%。

世界上稠油蕴藏量巨大，已探明储量大约为 $15000 \times 10^8 t$，约为轻质油探明储量的 3 倍。随着轻质油储量的大量消耗，稠油资源作为能源和化工原料的作用将越来越大，因而稠油的开发也将会有更大的发展，我认为主要集中在以下几个方面：

（1）降低能耗、提高热效率是热力采油中永恒的课题。

热力采油中的能耗是巨大的，燃料费用的任何降低，热效率的任何提高都会带来巨大的经济效益。所以这方面的研究工作一直在加紧进行，主要工作集中在用低质低价的燃料代替高质高价的原油；高效锅炉的设计；新的保温材料的应用；井下蒸汽发生器的开发研究；强化油藏开发中的热管理等方面。

（2）热采技术的扩大应用。
主要表现在以下几个方面：
① 层状超稠油的高效开发；
② 超深稠油油藏的开发；
③ 超薄油层的开发；
④ 海上稠油油藏的开发；
⑤ 注水开发后的轻质油藏的开发。
（3）稠油开发新技术的研究。
这一方面国内国外都在进行，其中有冷采、溶剂驱、化学添加剂等。
关于稠油开发技术的发展，我了解和认识的很不够，谈不了多少，到此为止。
我想我们并不缺新技术，国外有的，我们都已试验过，外国没有的，我们也进行了不少，但我觉得关键是能否到位的问题。例如，已证实的蒸汽驱、火驱，由于某些环节的不够到位，至今还没有大面积的成功应用。我们不应再盲目地上那些机理不清、关键技术不明的所谓的新技术了。应下大力气解决蒸汽驱、火驱以及 SAGD 技术的配套，把这些已证明高效的技术成功地大面积地应用到我们的稠油开发中。

稠油开发发展战略

1. 对我国目前稠油开发状况所形成的共识和不同的发展战略

从国外和我国稠油开发来看，我国稠油开发技术还相当落后。在已有的稠油开发四大技术中，我国除蒸汽吞吐技术处于世界领先水平外，其他三大技术的应用还都不够成熟。为了赶上世界稠油开发水平，今后我们稠油开发发展战略是什么，这是必须首先要解决的重要问题。为此曾召开过一次小型的专家研讨会，会上形成的共识是：

我国蒸汽吞吐生产的稠油油藏，基本都已到了蒸汽吞吐生产的末期，必须尽快地转为其他开发方式。但在发展战略上却没有达成共识，主要有以下几种观点：

（1）黏度在 3000mPa·s 以下的考虑转为水驱；

（2）我们的稠油油藏蒸汽吞吐时间已过长，地下存水多，单纯蒸汽驱已不能解决问题，必须进行二次革命，用蒸汽加氮气泡沫驱来提高开发水平；

（3）蒸汽吞吐时间过长，单纯蒸汽驱已不能解决问题，要用火驱加蒸汽驱组合来提高开发水平；

（4）集中全力提高蒸汽驱、SAGD 和火驱水平，扩大三项技术的应用规模。

2. 对所提几种发展战略的初步分析

我们知道，开发发展战略的选择，基本就决定了稠油开发的命运。选择得对，可以把我国稠油开发的水平提高到世界水平，甚至更高水平；选择错了，会使稠油开发水平停留在现有水平，甚至更低。因此，对稠油开发发展战略这一重大问题，必须深入地进行研讨，以确定正确的开发发展战略。这里我先对这些发展战略做一初步分析，以抛砖引玉。

1) 转水驱的发展战略

这一发展战略的主导思想是认为蒸汽驱和火驱的开发效果不如水驱。其实，这一思想有违于事实：

其一，稠油开发史之所以从水驱和热水驱发展到蒸汽驱和火驱，就是因为水驱和热水驱对稠油的无效。

其二，我们的实践也证明了水驱稠油的无效性。在汽驱试验失败的情况下，20世纪90年代在有些人的提倡下，曾先后在高升、齐40和锦45等开展过多次水驱试验，结果也都因效果太差而中止。

所以重新提出发展水驱的想法是一种倒退，倒退是没有出路的。

2) 蒸汽加氮气泡沫驱的发展战略

这一战略思想的实质是认为我国大部分稠油油藏已进行了过长的蒸汽吞吐开发，地下存水多，单用汽驱已经不能解决问题，必须加氮气泡沫来改进。其实这一发展战略即有违事实，也无现实意义。

关于这一战略思想有违事实，我们可举例加以说明。美国克恩河油藏"克恩"试验区，经过天然能量开发、蒸汽吞吐开发，随后又经过正、反热水驱，在油藏含水饱和度已达55%，生产含水已达99%的情况下，汽驱采出程度仍达28%，最终采收率达65%。"克恩A"试验区，经天然能量开发，又在70m井距下不计成本的进行蒸汽吞吐，油层含水饱和度已高达60%的条件下，汽驱采出程度仍达25%，使最终采收率达70%左右。（关于这些内容的详情，请参阅岳清山《油藏工程理论与实践》一书中的美国克恩河稠油开发试验及其经验教训一文。）

另外，我国齐40油藏，在70m井距的汽驱试验前曾进行过10年的蒸汽吞吐，转驱前吞吐采出程度24%，汽驱后依然取得较好效果，最终采收率达64%。

"克恩"和"克恩A"试验以及齐40的开发实践的事实说明，只要原始油藏条件适合蒸汽驱，不管汽驱前经过什么样的开发，只要在正确的汽驱操作下，都能使汽驱达到原始油藏条件应有的采收率，不存在汽驱过时不过时的问题。我国已吞吐生产的油藏，远没有达到"克恩"和"克恩A"汽驱试验前的存水程度和采出程度，因而也更不存在过时问题。齐40的开发事实告诉我们，汽驱效果的好坏，不在于汽驱的早晚，而在于其操作条件是否符合成功汽驱操作条件。

有关这一战略思想无现实意义，从氮气泡沫驱研究的历史可见一斑。氮气泡沫驱在20世纪80年代初已被提出，并且在80—90年代达到研究高潮。但直到现在仍没有见到在蒸汽中加氮气泡沫，能在成功汽驱的基础上大幅度提高汽驱效果的实例。即使将来的研究能找到成功的配方，根据过去研究的规律，要拿出一个好的配方，那也是10年乃至20年以后的事情，远水解不了近渴，因此不能把蒸汽加氮气泡沫驱作为战略决策，而只能作为一个研究课题。

3）火驱与蒸汽驱组合发展战略

这一思想的实质是单独的汽驱、火驱已过时，不能解决我国目前稠油开发的问题，必须采取组合式开发才能解决。

关于过时问题，前面已谈了，这里不再重复。但我们还应认识到：

如果汽驱和火驱操作条件不当，汽驱和火驱单独实施都不能成功，那么，它们的组合也只是低水平的重复，其组合也不会成功。

如果汽驱或火驱有一项能成功，也就没有必要进行组合了。因为汽驱或火驱任一项成功，其采收率都可达60%以上，它们的组合也不会再有大的提高。组合反而增加大量投资和操作费用。

4）大力提高和推广三大稠油开发技术的发展战略

这一战略思想是基于以下认识提出的：

（1）稠油三大开发技术（蒸汽驱、SAGD、火驱）是已被证明并且大面积应用的开发稠油的最有效的技术。

（2）我国应用这三大技术不够理想是因为我们应用中不够到位，还没有掌握成功应用的关键。世界成功应用的大量经验可供我们借鉴，经过努力是完全可以达到成功应用的。

（3）我国有大量适合三大技术的储量，只要我们能成功地应用这三大技术，把我国稠油采收率提高到50%～70%，就能增加大量可采储量。

可以看出，这一稠油开发发展战略最便捷，不需花大力量研究新技术，只需借助三大技术的理论和成功经验，改进我们的操作条件，就能走向成功。三大技术的应用，能大幅度提高我们稠油开发水平，大量增加可采储量。因此，在目前提出的稠油开发发展战略中，它是最切实可行、也是最有效果的一个战略思想。

就讲这些。谢谢大家。

2013 年 Badin 油区老油气藏挖潜效果分析

(2014 年)

2013 年，Badin 油区老油气藏一共打了 18 口挖潜井，总体效果不够理想，因此有人认为 Badin 油区的老油气藏已没有潜力可挖，主张今后 Badin 油区少打挖潜井，甚至停打挖潜井。Badin 油区老油气藏是否真的已无潜力可挖，还是有潜力我们没有找准目标，对这一问题必须弄清楚。为此，我们应认真分析所打每口井的成败及其原因，从中了解 Badin 油区老油气藏是否还有潜力、还有多大潜力，以及不同油气藏挖潜方向在哪里，以提高老油气藏挖潜的成功率，并进而提高老油气藏的开发效果和经济效益。

为客观地分析评价挖潜井的成败，应确定个成败的标准，本文确定的挖潜井成败的标准有两条：

（1）主要标准——根据目前 Badin 油区的油气价格、钻井成本以及生产成本，挖潜井累计产油应在 $40 \times 10^3 bbl$ 以上或累计产气应在 $1.0 \times 10^9 ft^3$ 以上。

（2）次要标准——钻井的依据在钻后是否基本存在。包括是否为原预计的油或气。储量和产量是否基本一致，过低或过高都为失败。

下面对这些挖潜井进行分析评价。

挖潜井分析评价

本节将对 2013 年 Badin 油区老油气藏所打的每口挖潜井的成败及原因进行分析评价。为此需介绍挖潜井所在的油气藏的基本概况，挖潜钻井依据，效果预测及实际结果，并分析其成败及原因。

1. Bacha-3（BAC3）井

1）Bacha 油气藏及开发概况

BAC3 井所在的 Bacha 油气藏为一个北北西—南南东向长条形的、东界为断层、向西倾斜的单斜构造油气藏，其构造井位如图 1 所示。

该油气藏发育有 A 和 B 两套气层，A 层含气面积 100acre，原始气储量 $2.07 \times 10^9 ft^3$；B 层含气面积 71acre，含油面积 8acre，原始气储量 $2.79 \times 10^9 ft^3$，原始

油储量 0.59×10^6 bbl，B 层原始油气界面 –4588ft，原始油水界面 –4603ft。

该油气藏有老生产井一口，BAC1 井，到 1999 年 6 月关井前 A 层产气 $1.1\times10^9\text{ft}^3$。采出程度 53%。B 层产气 $0.9\times10^9\text{ft}^3$，采出程度 33%，产油 25.1×10^3 bbl，采出程度 5%，产水 244×10^3 bbl。该油气藏原始油藏压力 2076psi，开发 5 年后到 1999 年初仍保持在 1900psi 以上。

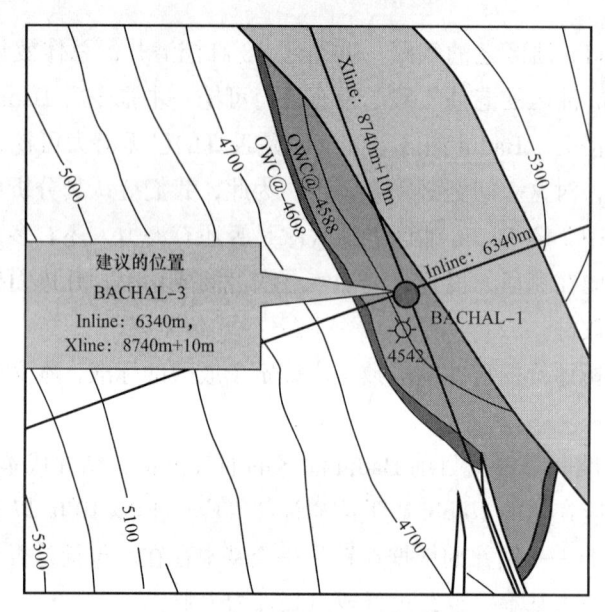

图 1　Bacha 构造井位图（B 砂顶）

2）BAC3 井钻井依据，效果预测及实际结果

钻井目的：采 A 层和 B 层高部位的剩余油和气。效果预测和实际结果见表 1。

表 1　BAC3 井钻前钻后对比表

参数	钻前预测		钻后实际	
	A 层	B 层	A 层	B 层
顶深（TVDSS）ft	–4436（BAC1，4475m）	–4507（BAC1，4542m）	–4454	–4514
孔隙度 ϕ，%	16	23	18.8	24
含水饱和度，%	17	15	11.7	24
储层净厚，ft	35	37	37	32

续表

参数	钻前预测		钻后实际	
	A层	B层	A层	B层
地质储量，$10^9 ft^3$	0.35	0.74	—	—
可采储量，$10^3 bbl$	188		—	
初产 bbl/d（$10^6 ft^3/d$）	—		1315（7.134）	

3）分析与评价

从油气藏开发中的压力保持和产水看，该油气藏的开发机理是强水驱，其老开发井 BAC1 井又处于油气藏腰部，BAC3 井高部位处应有大量的剩余油和气，因此钻 BAC3 井的依据是正确的。

从 BAC3 井钻前预测和钻后实际表 1 可看出，尽管钻后实际 A 层和 B 层顶深比预测的略低些，但比 BAC1 井仍高出很多，其孔隙度、含水饱和度和储层厚度等都与预测差不多，特别是初期产量很高，A 和 B 合采时的前 3 个月平均日产油约 1000bbl，日产气约 $1.5 \times 10^6 ft^3$，日产水约 1100bbl。截至 2014 年 5 月，该井已累计产油 $103 \times 10^3 bbl$，累产气 $189 \times 10^6 ft^3$，因此该井是成功井，但应该注意控制合理产量，否则该井会很快被水淹。

2. Buzdar South Deep-7（BSD-7）井

1）Buzdar South Deep 油气藏及开发概况

BSD-7 井所在的 Buzdar South Deep 油气藏为一个东西以断层为边界，南北下倾的背斜断层—构造油气藏。其构造井位如图 2 所示。

该油气藏储层较多，主要油气层有中砂层、上页岩层和下页岩层。中砂层气储量 $21.9 \times 10^9 ft^3$，油储量 $48 \times 10^6 bbl$，上页岩和下页岩气储量分别为 $4.5 \times 10^9 ft^3$ 和 $19.78 \times 10^9 ft^3$。

该油气藏于 1995 年投入开发，BSD-7 井钻前该油气藏有老生产井 5 口，到 BSD-7 井投产的 2013 年 6 月，中砂层油的采出程度为 33.4%，气的采出程度为 60%；上页岩层气的采出程度 49%；下页岩层气的采出程度为 0。

2）BSD-7 井钻井依据，效果预测及实际结果

钻井目的：挖潜中砂层及上、下页岩层的剩余储量。效果预测和实际结果见表 2。

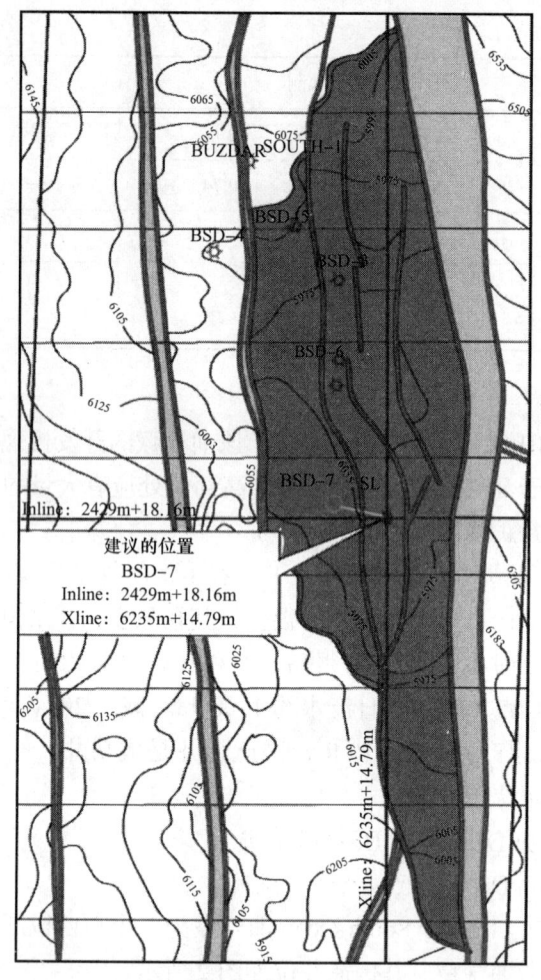

图 2　BSD 油藏构造井位图

表 2　BSD-7 井钻前钻后对比表

参数	钻前预测	钻后实际
Gamma 顶深（TVDSS）ft	−5893（BSD-3D，−5908ft）	−5838
可采储量 10^3bbl（10^9ft^3）	516（2.35）	—
初产 bbl/d（10^6ft^3/d）	645（4.37）	（2.17）

3）分析与评价

该油气藏的中砂层组细分为多个互不连通的小层，驱油机理还不清楚，其油的采出程度为33%，气的采出程度为60%，属常规油气藏；而上页岩和下页岩层属非常规油气藏。挖潜这些层的油气本身具有一定的探索性。BSD-7井为什么钻在该处，没有说明。但从构造图上看，该位置是一个构造高点，可能是想挖潜阁楼油气。

BSD-7井预计初期日产油645bbl，日产气$4.37 \times 10^6 ft^3$。而实际产油很少，产气早期在$2 \times 10^6 ft^3/d$左右，不产水，后期经过换层、补孔、增压，日产气上升至约$3.5 \times 10^6 ft^3/d$。截至2014年5月，该井累计产油$1 \times 10^3 bbl$，累计产气$0.81 \times 10^9 ft^3$，依据目前生产趋势看，该井应属于成功井。

该井成功的主要原因是该井确实处于很高位置，比BSD-3D井高70ft，另外，纵向钻遇油气层多，且整体采出程度不高。因此，当某一层位产量低于预期时，可通过打开其他层位进行有效补充。

3. Dabhi South-2（DBS-2）井

1）Dabhi South 气藏及开发概况

DBS-2井所在的Dabhi South气藏为一个周围被断层围成的三角形背斜构造。其构造井位如图3所示。

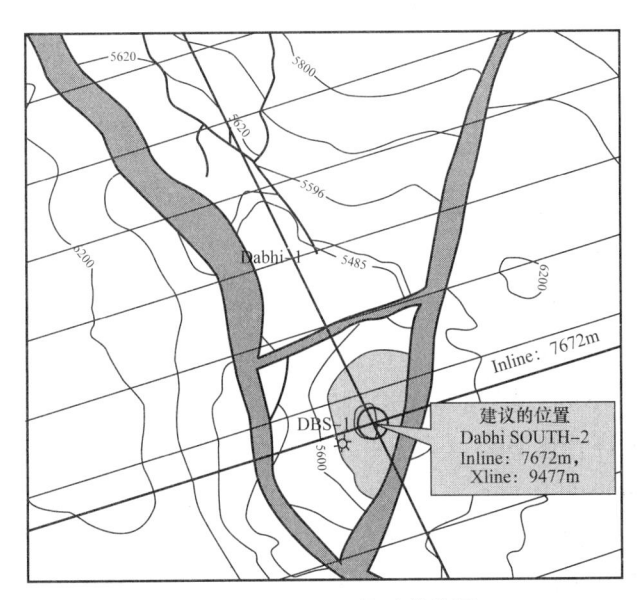

图3 Dabhi South构造井位图

Dabhi South气藏发育有B和C两套气层，B层含气面积127acre，气储量$8.22 \times 10^9 ft^3$；C层含气面积90acre，气储量$2.6 \times 10^9 ft^3$。

DBS-2井钻前，该油气只有DBS-1一口老生产井，该井首先开采C层，阶段产油$13.1 \times 10^3 bbl$，产气$2.03 \times 10^9 ft^3$，采出程度78%（OGIP）；随后投产B层，产油$7.9 \times 10^3 bbl$，产气$0.97 \times 10^9 ft^3$，采出程度12%（OGIP）。

2）DBS-2井钻井依据，效果预测及实际结果

钻井目的：开采B层阁楼油和C层阁楼气。预测效果和实际结果见表3。

表3 DBS-2井钻前钻后对比表

参数	钻前预测 B层	钻前预测 C层	钻后实际 B层	钻后实际 C层
顶深（TVDSS）ft	−5310（DBS-1，5339ft）	−5520（DBS-1，5549）	−5292	−5517
孔隙度，%	16	14.6	17.7	14.2
含水饱和度，%	30	25	19.5	24.6
储层净厚，ft	15	10	40.5	49.5
地质储量 $10^3 bbl/(10^9 ft^3)$	282	（0.17）	—	—
可采储量 $10^3 bbl/(10^9 ft^3)$	83.87（0.11）		—	—
初产 $10^9 bbl/d(10^6 ft^3/d)$	105			1.18

3）分析与评价

从该油气藏目前的油藏压力看，保持值比较高（原始压力约在2200psi左右，而目前估计值在1900psi左右），应该是强边水驱，构造高部位存有阁楼油和气是可能的。因此钻DBS-2井的依据是合理的；另外，钻后实际结果大都比预测还好，如顶深比预测的高，比DBS-1井高出很多，因而储层厚度大大厚于预测，预测10～15ft，实际40～50ft。

DBS-2先投产C层，前3个月日均产油400bbl，日均产气$4 \times 10^6 ft^3$。截至2014年5月，累计产油$73 \times 10^3 bbl$，累计产气$0.46 \times 10^9 ft^3$，该井挖潜阁楼油气是成功的。但该井应该注意控制合理产量，否则距该井很近的DBS-1井的水会很快突进到该井。

4. Dupri-8（DUP8）井

1) Dupri 油气藏及开发概况

DUP8 井所在的 Dupri 油气藏四边被断层包围，构造北低南高，主体南部和中部为气藏，北部有一小油带和小的水体。该油气藏主要发育 B 砂层，含油面积 280acre，原始油储量 3.2×10^6 bbl，含气面积 1058acre，原始气储量 12.7×10^9 ft^3。

该油气藏原有 7 口老生产井，DUP2 和 DUP4 井分布在气藏部分，DUP3 井、DUP5 井和 DUP7 井分布在油带上，DUP1 井和 DUP6 井分别位于油气和油水界面处。该油气藏构造井位图如图 4.1 所示。

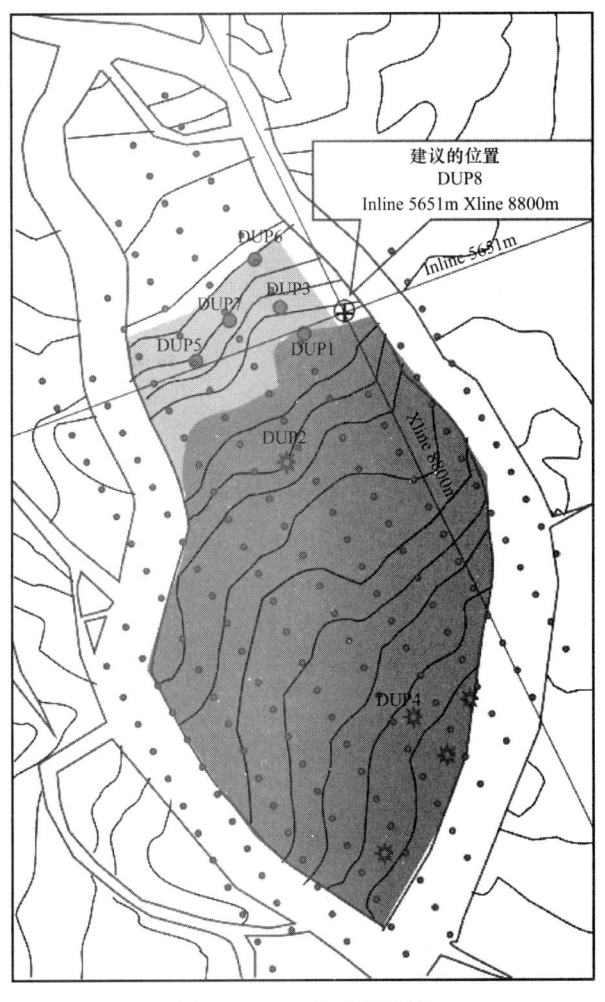

图 4 Duphri 构造井位图

该油气藏从 1989 年投入开发以来，到 DUP8 井钻前（2013 年 5 月），累计产油 $658.7×10^3$ bbl，采出程度 20%（OGIP），累计产气 $8.36×10^9 ft^3$，采出程度 65.8%（OGIP）。经 14 年的开发，油气藏压力已从原始的 1163psi 下降到 360psi。

2）DUP8 井钻井依据，效果预测及实际结果

钻井目的：开采油环东部 B 砂层中的阁楼油。钻井结果预测及实际结果见表 4。

表 4　DUP8 井钻前钻后对比表

参数	钻前预测	钻后实际
B 砂顶深（TVDSS）ft	−2518	−2476
含水饱和度，%	35	30
储层净厚，ft	15	14.3
可采储量，10^3 bbl	76	—
初产，10^3 bbl/d	120（DUP6 已注水）	0

3）分析与评价

打 DUP8 井是因为 DUP3 井没有被水洗，预计高部位的 DUP8 井处不会被水洗，应该是一个剩余油富集带。打井结果证实了这一点（含水饱和度只有 30%）。但是从 DUP8 井周围的 DUP3 井和 DUP1 井的生产动态和油藏压力变化看，DUP8 井处的油虽没有受到水驱，但已被气藏气和溶解气驱过，因为比 DUP8 井更低的 DUP3 井已大量产气，油藏压力已降到 360psi，剩余油已成死油。因此 DUP8 井不会再有油产出。另外，设计者想通过 DUP6 井的注水来实现 D0P8 井的生产，但是在 DUP8 井钻前的注水期间 DUP3 井基本没有受效，因此高部位的 DUP8 井更不会受效。可见，DUP8 井是一口分析不到位而造成失败的井。

5. Fateh Shan North-2（FSN2）井

1）Fateh Shan North 气藏及开发概况

FSN2 井所在的 Fateh Shan North 气藏，是一个东西两边被大断层夹持，北西—南东走向的条状的向东北倾斜的构造气藏。其构造井位图如图 5 所示。

气藏发育有 A 和 B 两套储层，原始气储量约为 $7×10^9 ft^3$。钻 FSN2 井之前，气藏只有一口老生产井，并且 B 层没产多少就转为 A 层生产。A 层从 2006 年到 2013 年共产气 $4.3×10^9 ft^3$，采出程度 59%（OGIP），产油 $9.7×10^6$ bbl（凝析油）。经过 7 年多的开发，A 层气藏压力已从原始的 3800psi 降到 790psi。

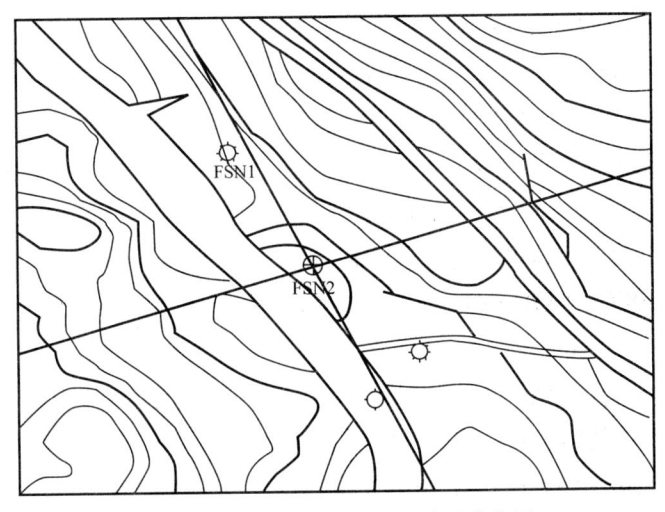

图 5 Fateh Shan North 气藏构造井位图

2）FSN2 井钻井依据，效果预测及实际结果

钻井目的：开采 FSN1 井南边约 1000m 处构造高点 B 层的气。钻井结果预测及实际结果见表 5。

表 5 FSN2 井钻前钻后对比表

参数	钻前预测	钻后实际
B 砂层顶深（TVD SS）ft	-8300（FSN1，-8446ft）	-8395
孔隙度，%	7.5	8.3
含水饱和度，%	28.6	39.7
储层净厚，ft	55	30
可采储量，$10^9 ft^3$	2.9	—
初产，$10^6 ft^3/d$	5	0.4

3）分析与评价

从 Fateh Shan North 气藏的构造和剖面图看，FSN1 井位于气藏构造的一个低凹部位，此处 B 层底部几乎就是气水界面高度，所以 B 层投产就大量积水，因而靠 FSN1 井 B 层不可能得到有效开发。打 FSN2 井正是要在构造高点来开采 B 层的气。由以上分析看，打 FSN2 井的依据好像是正确的。

但是，钻井实际结果表明，B 层顶深比预测的低 95ft，储层厚度只有 30ft，且

125

含水饱和度已约为40%，这些情况使得FSN2井的储量和产能大打折扣。该井在2014年3月增压投产，日均产气约$0.4 \times 10^6 \mathrm{ft}^3$，截至2014年5月，该井累计产气只有$25 \times 10^6 \mathrm{ft}^3$，基本不产油和水。

依据目前的生产形势判断，该井为失败井，钻井结果不利主要是因地质构造的复杂变化，这是开发人员无法识别的。另外，FSN1井B层产能就很低，FSN2井B层的产能也不会高，这里也有分析不到位的人为因素。

6. Jabo-15ST（JAB15ST）井

1）Jabo油气藏及开发概况

Jabo油气藏是一个东西两边以断层为界，基本为向东倾斜的长条形的油气藏，南边与边水相连，其构造井位图如图6所示。该油气藏发育有上B砂层和下B砂层，上B层原始油储量$4.56 \times 10^6 \mathrm{bbl}$，下B层$19 \times 10^6 \mathrm{bbl}$，原油API重度为43°API。

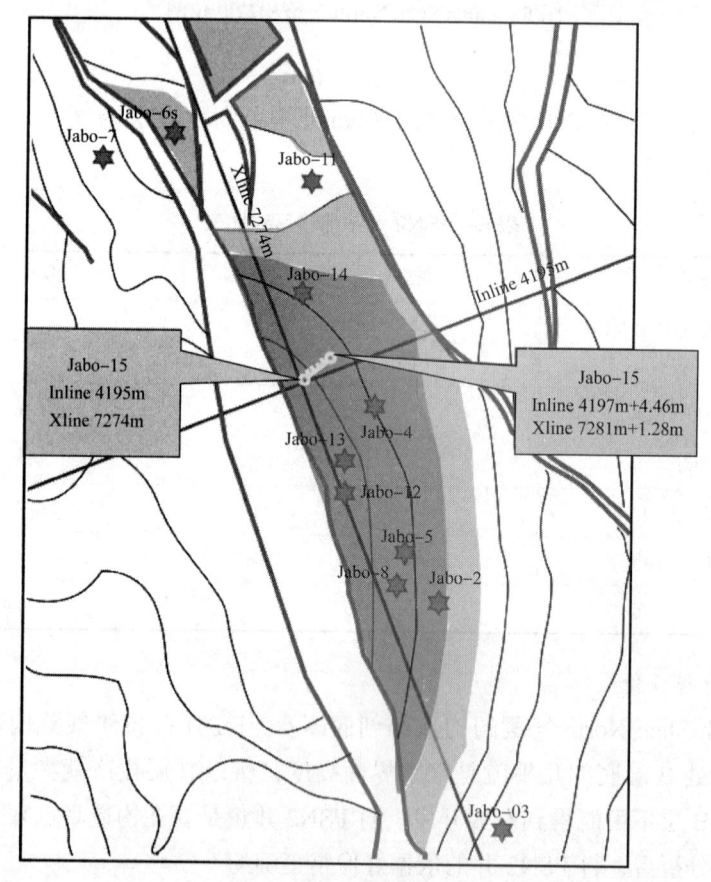

图6 Jabo油藏构造井位图

Jabo 油气藏原有生产井 11 口，至 2012 年底上 B 层累计产油 2.0×10^6bbl，采出程度 40%，累计产气 1.53×10^9ft^3，平均生产气油比 760ft^3/bbl；下 B 层累计产油 0.95×10^6bbl，采出程度 50%，累计产气 3.17×10^9ft^3，平均生产气油比 3340ft^3/bbl。该油藏原始压力 2950psi，至 2009 年底仍保持在 2220psi。

2）钻 Jabo-15 井的目的、效果预测及实际结果

钻井目的：开采 Jabo-14 井南边构造高部位下 B 层中的油。钻井结果预测及实际结果见表 6。

表 6　Jabo-15 井钻前钻后对比表

参数	钻前预测		钻后实际	
	上 B 层	下 B 层	上 B 层	下 B 层
顶深（TVD SS）ft	-6330（Jabo-14，6422ft）	-6430（Jabo-14，-6506ft）	-6387	-6501
可采储量，10^{3}bbl	290		—	
日产，bbl/d（10^{3}ft^3/d）	450（0.16）		105（0.3）	

3）分析与评价

从 Jabo 油藏开发中的压力保持水平和生产气油比看，该油藏的上 B 层主要采油机理为水驱，而下 B 层油藏为水驱和溶解气或气顶气的复合驱，Jabo-15 钻井的目的层是下 B 层。该层开发中油已有大量脱气现象，（平均生产气油比达 3340ft^3/bbl）。Jabo-15 井按设计钻后发现，该处油层海拔大大低于预期高度，因而这里没有钻遇下 B 层的有效储层，于是向构造较低部位东北方向进行了侧钻，结果在下 B 层钻遇 46.5ft 储层，上 B 层钻遇 30ft 储层。该井现名称为 Jabo-15ST。

截至 2014 年 5 月，Jabo-15ST 累计产油 32×10^3bbl，累计产气 23×10^6ft^3，目前平均日产油约 60bbl，含水率 75%，气油比约 900ft^3/bbl。依据目前的生产趋势判断，下 B 层的最终累计产油估计为 $40 \times 10^3 \sim 50 \times 10^3$bbl。因此侧钻井 Jabo-15ST 井基本为成功井。但从原设计 Jabo-15 井来看又是一口因地质变化而失败的井。

7. Jhaberi South-3（JHS3）井

1）Jhaberi South 气藏及开发概况

Jhaberi South 是一个东边以断层为边界，向西倾斜的长条形断层—构造油气藏，其构造井位图如图 7 所示。主要开采中砂层。压力历史表明，Jhaberi South 的中砂层分成南北两个互不连通的断块。

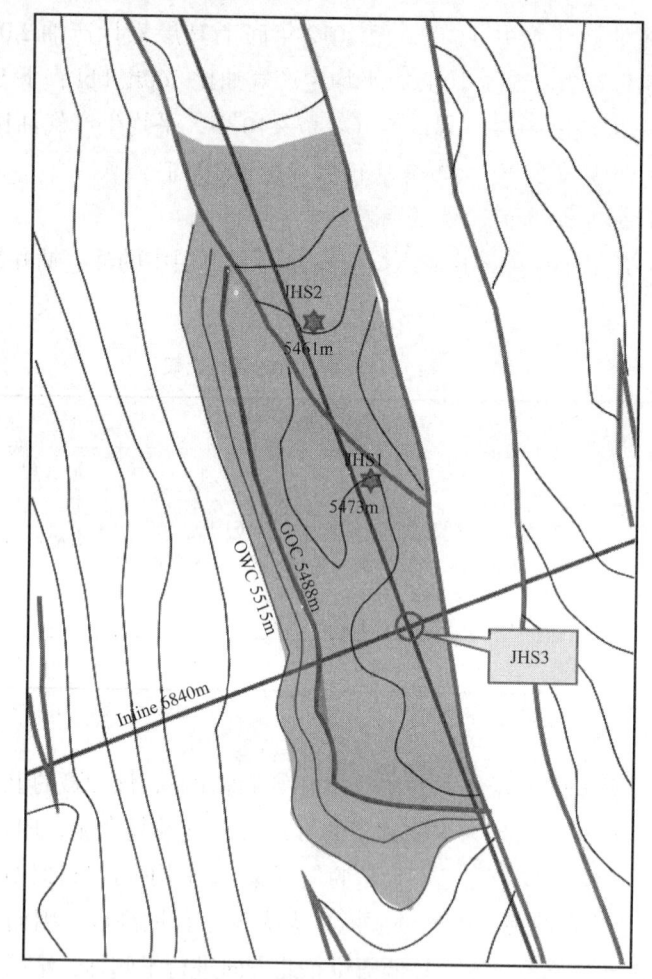

图 7　Jhaberi South 构造井位图

JHS3 井所在的 Jhaberi South 南断块，油气界面深度 −5488ft，油水界面深度 −5515ft，含油面积 156acre，含气面积 101acre，原始油储量 1.4×10^6bbl，原始气储量 1.7×10^9ft^3。

打 JHS3 井之前，Jhaberi South 南断块中砂层只有 1 口生产井 JHS1，累计产油 189×10^3bbl，油采出程度 13%，累计产气 2.3×10^9ft^3，气采出程度 94%。

2）钻 JHS3 井的目的，效果预测及实际结果

钻井目的：开采 Jhaberi South 南断块 中砂层组 Alpha II 层的油环。

预测：JHS3 井累计产油 218×10^3bbl。

实际结果：储层基本水淹，投产即高含水。

3）分析与评价

JHS3 完钻后，对比 JHS1 和 JHS3 测井解释发现，JHS3 井 alpha Ⅱ 储层分散，厚度明显小于 JHS1 井相同层位。JHS3 射孔厚度虽然有 13ft，但有效厚度仅约 7ft，且电阻基本小于 5Ω，因此 JHS3 投产即高含水。截至 2014 年 5 月，JHS3 累计产油只有 24×10^3bbl，累计产气 22×10^6ft^3，累计产水 278×10^3bbl。目前日产油约 80bbl/d，含水率 91% 左右。

依据 JHS3 井目前生产动态，及 JHS3 与 JHS1 储层深度基本相同判断，该井可能为失败井。其原因不光是它的中砂储层品质较差及低幅度构造，从 JHS1 井的生产动态还可看出，该井已被水突破，而且气的采出程度已达 94%，说明环中油已脱气并发生内侵，因此该块中砂层不会存在还可以采的油环油，所以该井应属分析不到位而造成的失败井。

8. Koli-3（KOL3）井

1）Koli 油气藏及开发概况

KOL3 井所在的 Koil 油气藏是一个东边以断层为界，西边与边水相接的菱形带油环的气藏。其构造井位图如图 8 所示。

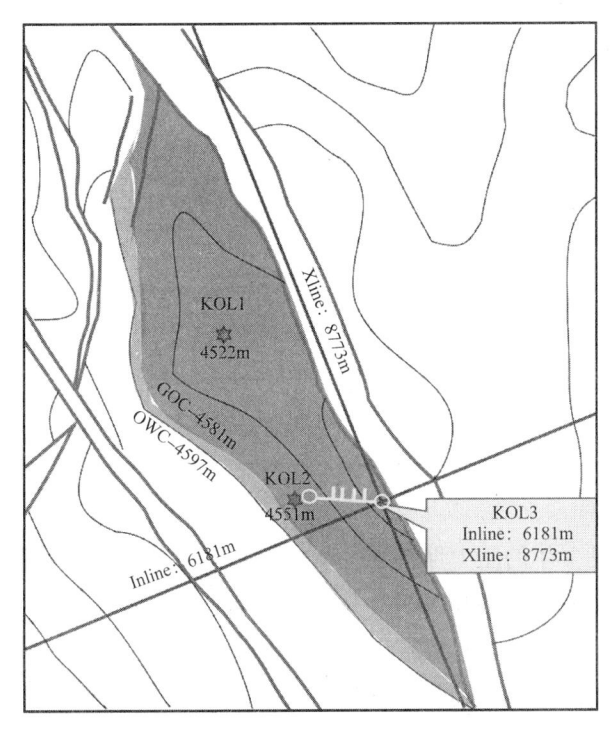

图 8　Koli 油气藏井位构造图

Koli油气藏发育有A和B两套储层，A层为纯气层，B层为带油环的气层，含气面积383acre，含油面积296acre。两层合计原始气地质储量 $23×10^9 ft^3$，原始油地质储量 $2.76×10^6 bbl$。

在KOL3井钻井之前，Koli油气藏已有两口生井，KOL1和KOL2。累计产气 $16.3×10^9 ft^3$，累计产油 $260×10^3 bbl$，气采出程度68%，油采出程度9%。该油气藏于1990年投产，原始油藏压力2116psi。到2007年底，油藏压力仍保持在1960psi之上。

2）KOL3井的打井依据，效果预测和实际结果

钻井目的：采A和B高部位的阁楼油气。Koli油气藏上的原有两口老井都处于油气藏中下部位。从两口老井生产动态和油藏压力保持水平看，该油气藏为强水驱，构造高部位应富集有大量剩余油气。钻井依据是正确的。

KOL3井钻前钻后对比见表7。

表7 KOL3井钻前钻后对比表

参数	钻前预测 A层	钻前预测 B层	钻后实际 A层	钻后实际 B层
顶深（TVDSS）ft	−4420（KOL2，−4465ft）	−4480（KOL2，−4551ft）	−4404	−4470
孔隙度，%	11.4	19.7	11.3	19.3
含水饱和度，%	25.8	10.7	10.2	25.2
储层净厚，ft	30	42	28	33
地质储量，$10^3 bbl$	0.88	1.22	—	—
可采储量，$10^3 bbl$	1.89		—	
初产 bbl/d（$10^6 ft^3/d$）	50（10）		2180（2.8）	

3）分析与评价

从油气藏开发多年的压力保持水平和老井的生产特征看，该油气藏的采油机理主要为水驱。由于KOL1井和KOL2井都打在了油气藏的中下部，尽管KOL1井和KOL2井都已水淹，但高部位的油和气基本应仍滞留于原处（因油藏压力降很小），所以打KOL3井的决定是正确的。打井结果证实，钻前预测也基本符合实际。

依据该井的生产状况，该井钻井是成功的。但是从该井的生产看，该井生产半

个月就见水,并且很快产水上升到 1000bbl/d 以上,含水达到 86% 左右。这些特征说明开采速度过大,(初期日产 2180bbl/$2.8 \times 10^6 \text{ft}^3$),导致边水快速舌进,影响了该井应有的效果,所以挖潜井应特别注意合理产量的控制。

9. Mazari-12(MAZ12)井

1)Mazari 油藏及开发概况

MAZ12 井所在的 Mazari 油藏是一个西边以断层为边界,向东倾斜并与边水相连的油藏。构造井位图如图 9 所示。

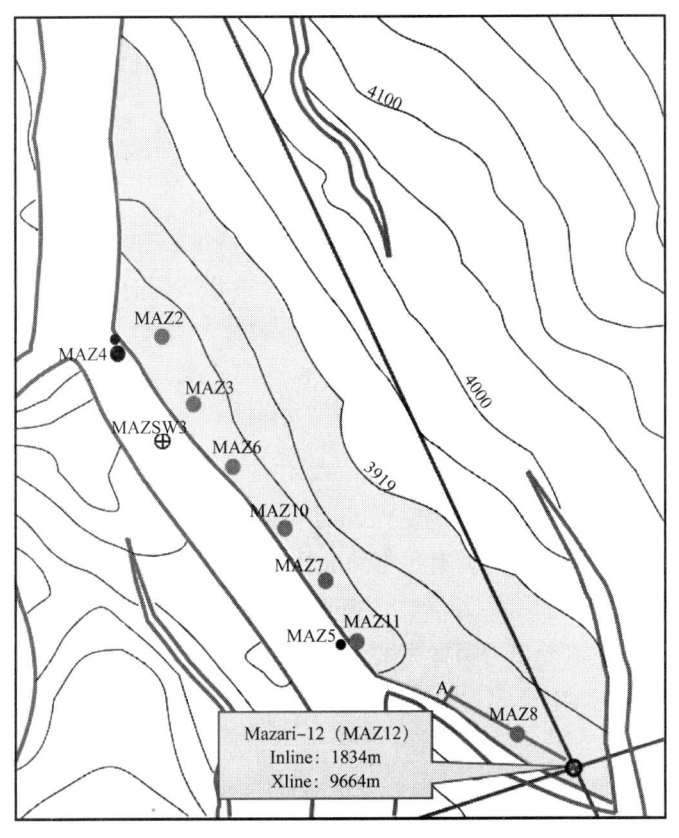

图 9 Mazari 油藏 a 构造井位图

该油藏发育有 A 和 B 两个油层,A 层物性差,油层薄,储量少,原始储量 6.1×10^6 bbl。B 层为该油藏的主力油层,油层物性好,厚度大,储量多,原始储量 32.3×10^6 bbl。

该油藏在钻 MAZ12 井之前已有老井 11 口,其中 MAZ1 井、MAZ2 井、MAZ3 井、MAZ4 井、MAZ5 井是油藏开发初期(1986—1987 年)投入的第一批井。

MAZ6井、MAZ7井、MAZ8井和MAZ9井是1990—2000年间陆续打的加密井。第一批井中除MAZ1井打到油藏外，其他井都是主要产油井。加密井中除MAZ6井产油较多外，其他井产油都较少，MAZ10井和MAZ11井是挖潜井，效果都很差。该油藏从1986年投产至今（2012年底），A层产油 $2.8×10^6$ bbl，采出程度46%，B层产油 $20.9×10^6$ bbl，采出程度65%。油藏原始压力1765psi，到2011年底，A层为760psi，B层为1300psi。

2）MAZ12井钻井依据，预测及实际效果

钻井目的：三维地震表明，MAZ8井南边油藏有一个小的高点。虽然MAZ8井生产含水已达99%，但水是来自MAZ8井的东北方，估计南端这个高点不会受到水侵，因此决定打MAZ12井以采南端的阁楼油。

预测：MAZ12井处B层顶深比MAZ8井高16ft，油层净厚15ft，初产油120bbl/d，累计产油 $100×10^3$ bbl。

实际效果：MAZ12井B层顶深比MAZ8井低12t，B层已全部水淹，无产量。该井是因地质构造变动而失败的井。但是，该井继续向下钻时在中砂层钻遇油层。截至2014年5月，累计产油 $23×10^3$ bbl，累计产气 $13×10^6$ ft³。目前日产油约280bbl/d，含水率约74%。

3）分析与评价

根据三维地震及来水方向判断，MAZ12井处有阁楼油，决定打该井是正确的，但由于地震资料在低幅构造的不确定性，而造成失败。这再一次表明，对于不确定的构造，决定挖潜的阁楼一定要有足够的面积和幅度，否则易造成失败。

但是，该井向下钻遇了中砂油层。表明即使是挖潜井，在纵向上也应尽量以多个油气层为目的层，避免单一目标失败，而导致投资完全失败。

10. Muban-4（MUB4）井

1）Muban油藏及开发概况

MUB4井所在的Muban油藏为一个由东南向西北倾斜的条带形的带气顶的油藏。它的油水界面深-2363ft，油气界面深-2329ft，其构造形态，油气水分布以及布井情况如图10所示。该油藏原始油储量 $3.8×10^6$ bbl，原油API重度24.8°API，原始溶解气油比90ft³/bbl。

该油藏于1987年发现并投产，到2013年6月，3口老井共产油 $522.6×10^3$ bbl，采出程度13.8%，共产气 $2.13×10^9$ ft³，平均生产汽油比 $4.1×10^3$ ft³/bbl，产水 $6.19×10^6$ bbl。经15年的开发，油藏压力由原始的1070psi降到425psi。从2010开

始，用MUB2井进行人工注水补充能量，目前日均注水约4000bbl，从而扭转了油田产量持续下滑的势头，并且比注水前有一定回升。

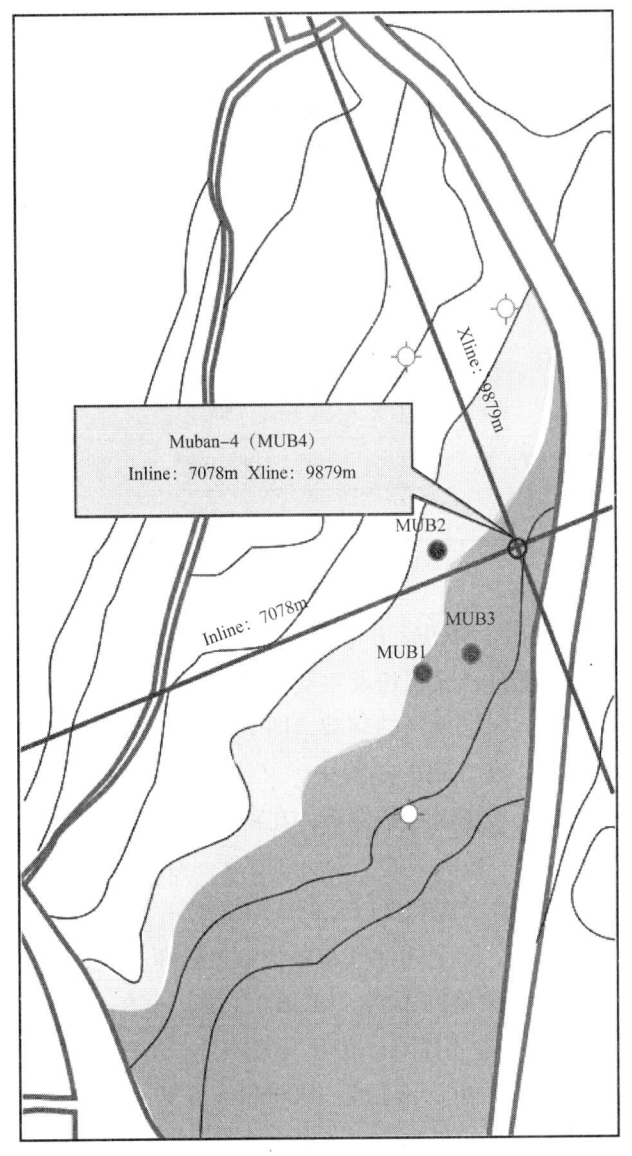

图10 Muban油藏构造井位图

2）MUB4钻井的目的，效果预测及实际结果

钻井目的：MUB2井处于油水界面附近，它的向上的高部位没有井控制，钻MUB4井是为了开采MUB2井上倾方向B层的油。

效果预测和实际结果列于表8。截至2014年5月，MUB4井累计产油34×10^3bbl，累计产气6.5×10^6ft³。目前日产油约150bbl，含水率约92%。该井初产低的原因是只打开了下部的低渗透层段，虽然无水产出，但产量太低。后来打开了上部高渗透层段，产量大幅上升（最高上升至210bbl/d），同时含水率快速上升。

表8　MUB4井钻前钻后对比表

参数	钻前预测	钻后实际
顶深（TVDSS）ft	−2308（MUN2，−2341ft）	−2315
孔隙度，%	22	26
含水饱和度，%	33	31
储层净厚，ft	20	36
可采储量，10^3bbl（10^9ft³）	218（0.01）	—
初产，bbl/d（10^3ft³/d）	150（0.05）	12/0

3）分析与评价

从井位构造图可看出，MUB2井既很靠近油水边界，又处于油气界面处，所以该井快速见水并快速上升，又很快发生气顶气的严重气窜。因此该井的采油机理既有水驱也有气顶气驱。因气顶气的突破，即引起油气藏压力的大幅下降（从原始的1100Psi降到450Psi），在气窜的过程中，又使MUB2井与要钻的MUB4井之间的油已受到气顶气的扫及。在这种条件下，在距MUB2井不远的MUB4井处打井，尽管该井处于高部位，也有较大风险。打井的结果证实了这一点。尽管该井的实际油藏条件，储层孔隙度、含水饱和度以及储层厚度都好于预测，但产油气很少。

造成产油气少的原因，除上述油气藏已大幅度降压并已遭受气顶气的扫及外，另一原因还有布井和开发策略的不当。MUB4井尽管布在了高点，但距MUB2井太近，两井间的剩余可采储量有限；在开发策略上，MUB2井的高速注水，以及MUB4井的过大生产压差（由产液量近1900bbl/d可见一斑），促进了水向MUB4井的舌进，因此MUB4井很快见水并进入高含水期。

在该油气藏当时条件下，一种选择是在油气藏高部位打MUB4井，并以合理产量生产和适当降低MUB2井注水速度，使边水较均匀的推进；另一种选择是在MUB4井的北边和南边距MUB2井更远的次高部位打两口井，并以合理的产量生产，使边水较均匀推进，驱扫更大面积中的剩余油可能更好。

从该井的产量看，很可能达到成功井的累产量，成为一口成功井。但由于分析判断不到位以及开发策略的不当，使井的累产远低于预测（最终可能只有预测值的1/20），从这一点看，可标作因分析不到位而造成的失败井。

11. Paniro-9（PAN9）井

1）Paniro 油藏及开发概况

PAN9 井所在的 Paniro 油藏是一个被两条断层夹持的三角形油藏，其构造井位图如图 11 所示。

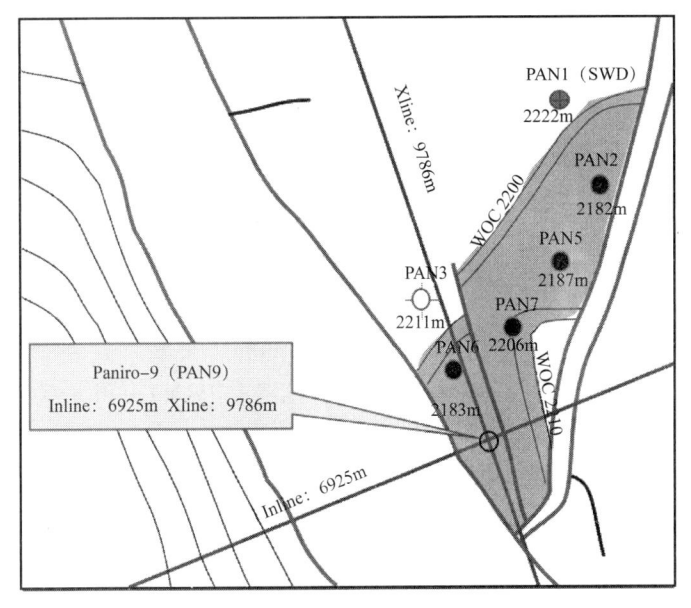

图 11　Paniro 油藏构造井位图

该油藏发育有 B 和 C 两套油层。B 层原始储量 $708×10^3$bbl，C 层原始储量 $2249×10^3$bbl。原油性质：API 重度 25°API，溶解气油比：B 层 143ft^3/bbl，C 层 90ft^3/bbl。该油藏发现于 1988 年，PAN9 井钻前，主要生产井有 4 口，它们是 PAN2 井、PAN5 井、PAN6 井和 PAN7 井。从投产到 2013 年初，该油藏 B 层产油 $158×10^3$bbl，采出程度 22%，C 层产油 $1105×10^3$bbl，采出程度 49%。油藏原始压力为 990psi，到 2013 年初仍保持 900psi 水平。

2）钻 PAN9 井的目的，效果预测及实际结果

钻井目的：采 B 层和 C 层的阁楼油。

预测和实际结果见表 9。截至 2014 年 5 月，PAN9 井累计产油 $19.5×10^3$bbl，累计产气 $8.6×10^6$ft^3。目前日产油约 60bbl/d，含水率约 95%。

表9 PAN9井钻前钻后对比表

参数	钻前预测		钻后结果	
	B层	C层	B层	C层
顶深，ft	−2080	−2170	—	−2151
孔隙度，%	17.4	31	断缺	32.3
含水饱和度，%	20	29.6		18.2
储层净厚，ft	13	13		10
地质储量，10^3bbl	77	160	—	—
可采储量，10^3bbl	114		—	
初产，10^3bbl/d	204		232	

3）分析与评价

从Paniro油藏开发过程中的油藏压力保持水平及生产井生产特征看，该油藏采油机理为边水驱。边水来自油藏的北边界，南部的三角形尖端不会受到水的侵扰，而且这里的油应基本保持原状。因此在此打挖潜井PAN9井开采尖部B层和C层的阁楼油气应该是完全正确的决定。

PAN9井钻后实际表明B层断失，C层的结果与预测基本一致。该井初期产量170bbl/d左右，但投产即高含水（79%），且只维持几天，然后日产油迅速下降至90bbl以下，含水达95%。依据目前的生产动态，该井累计产量可能达不到$40×10^3$bbl，因此失败的可能性大。其失败原因主要是地质状况的复杂变化，特别是B层的缺失。

另外，该井的资料有些矛盾。C层储层含水饱和度只有18%，如果射孔合理，井外没有窜槽，生产应是产纯油，至少不会投产即高含水，这一矛盾问题应认真分析研究。

12. Sonro-13水平井（SON13ST）和Sonro-14井（SON14）

1）Sonro油气藏及开发概况

SON13ST井和SON14井所在的Sonro油气藏是一个四面被断层包围的长三角形，总体为北低南高的带油环的油气藏，其油气水分布、构造及井位图如图12所示。

该油气藏含油面积460acre，原始油储量$10.8×10^6$bbl。含气面积545acre，原

始气储量 $36.9 \times 10^9 \text{ft}^3$。

该油气藏于1985年发现，钻SON13ST之前先后已投产了10口井（SON1，SON2，SON3，SON4，SON5，SON6，SON7，SON8，SON9，SON10），共产油 $5.02 \times 10^6 \text{bbl}$，采出程度46.5%，产气 $23.26 \times 10^9 \text{ft}^3$，采出程度63%。产水 $22 \times 10^6 \text{bbl}$。原始油藏压力为1774psi，到2012年仍保持在1042psi水平上。

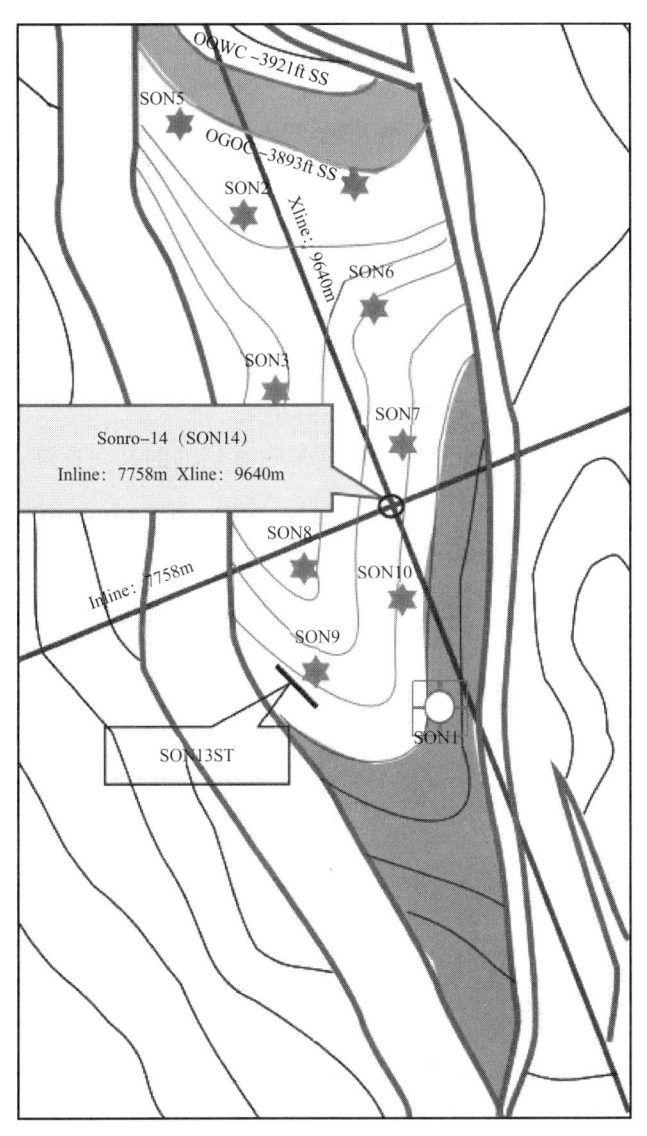

图12 Sonro油气藏构造井位图

2）SON13ST 井和 SON14 井的钻井依据，预测和实际效果

（1）SON13ST 井的钻井依据，预测及实际结果。

钻井目的：加强 B 层开发速度，提高油环油的采收率。钻井预测与实际结果见表 10。

表 10　SON13ST 井钻前钻后对比表

参数	钻前预测	钻后实际
B 砂顶深（TVDSS）ft	−3790（SON9, −3838ft）	−3796
油气界面, ft	−3859	−3847（S0N9 RST）
油水界面, ft	−3887	−3857
可采储量, 10^3bbl（10^9ft^3）	192（0.02）	—
初产, 10^3bbl/d	1675	15

（2）SON14 井的钻井依据，预测及实际结果。

钻井目的：替代 SON7 井，加快油藏东侧 B 层油的开发速度。钻井预测及实际结果见表 11。

表 11　SON14 井钻前钻后对比表

参数	钻前预测	钻后实际
B 砂顶深（TVDSS）ft	−3820（SON 7, −3825ft）	−3824
气油界面, ft	−3848（SON 9, 2013.4）	—
油水界面, ft	−3876	—
可采储量, 10^3bbl	445	—

3）分析与评价

（1）SON13ST 井的分析与评价。

从该油气藏开发过程中的油藏压力保持水平及油井产水情况看，该油气藏油藏部分的采油机理主要为水驱。那么粗略看来在 SON9 井上倾方向打井是对的，但如果仔细分析就有一定的问题了。其一，如果该油气藏高部位的气藏部位没有开

发井，那么油藏高部位有剩余油富集带是可能的，但是在打 SON13ST 井之前，高部位的气藏部分已有生产井投入开发，SON13ST 井处的油很可能已被推入气藏中。其二，这是一个由南向北倾斜的油气藏，SON13ST 井处于油气界面附近，这里的油层厚度应是很薄的，实钻结果也证实了这一点。钻前预测 SON13ST 井处油层厚度 28ft，钻后实际只有 10ft。钻前预测 SON13ST 井初产 1675bbl/d，实际只有 18bbl/d。

截至 2014 年 5 月，S0N13ST 井累计产油 6×10^3bbl，累计产气 10×10^6ft^3。目前日产油约 20bbl，含水率已达 99%。依据该井的生产动态，认为该井是一口失败井，失收的原因是分析不到位造成的。

（2）SON14 井的分析与评价。

由于油藏条件的影响，从生产动态看，油藏东侧水的推进比西侧要略慢一些，所以当 SON7 井井况出现问题而被废弃时，认为 SON7 井与 SON10 井之间的油将难以采出，因此决定打 SON14 井代替 SON7 井。但是实际情况是，虽然东部水的推进相对较慢，但还是不断在向前推进的。在 SON7 井报废时，SON7 井的生产已是高含水。在 SON7 井停产后，东侧水的推进必然会被加快，因此 SON10 井在一年后（2011 年）就见水了。到 S0N14 井完钻投产时，实际该处已基本被水淹。结果初期（2013 年）产量只有 63bbl/d，而水产量达 1500bbl/d，含水达 96%。

依据目前的生产动态，SON14 井累产难以达到成功井的标准，因此可能为失败井。这是因为没有仔细分析水淹过程，分析不到位而造成的失败井。

13. South Mazari-13（SM-13）井

1）South Mazari 油藏及开发概况

SM-13 井所在的 South Mazari 油藏是一个东西被断层夹持，南北端与边水相连的长条形油藏。其构造井位图如图 13 所示。

该油藏发育有 A 和 B 两套油层。两层总原始油储量 34.8×10^6bbl，含油面积 1450acre。原油 API 重度 41°API，原始溶解气油比约 300ft^3/bbl。该油藏钻 SM-13 井之前已打井 12 口，累计产油 19.2×10^6bbl，采出程度 55%。油藏压力由原始压力 1700psi，到 2010 年降为 900psi。该油藏从 2000 年开始在 SM-3 井进行人工注水。

2）钻 SM-13 井的目的，预测及实际结果

钻井目的：水侵来自南北两端，SM-3 井和 SM-7 井之间东部高部位可能有剩余油富集带，采其阁楼油。预测及结果见表 12。

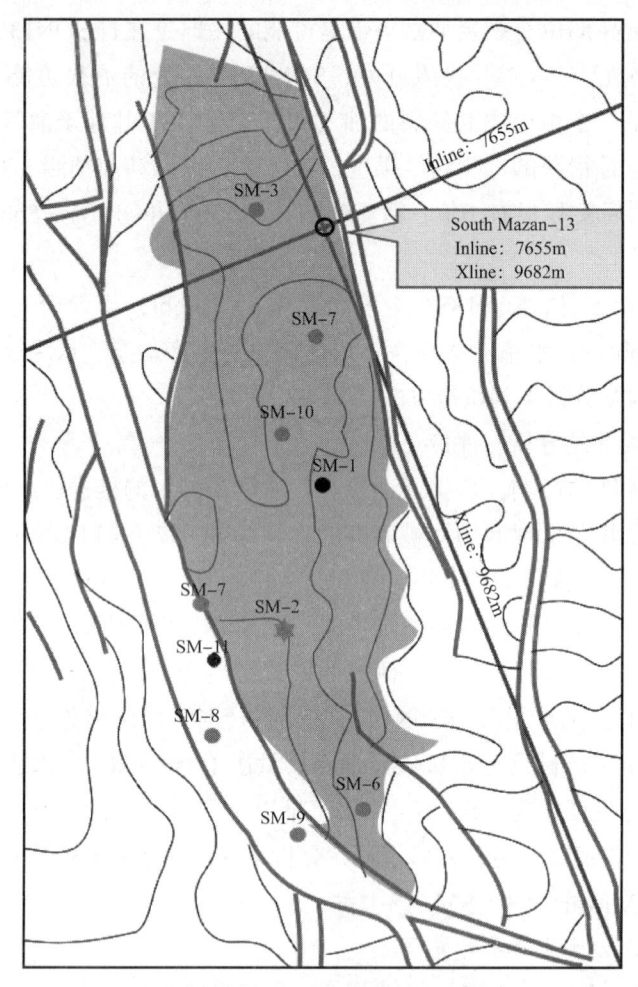

图 13 South Mazari 油藏构造井位图

表 12 SM-13 井钻前钻后对比表

参数	钻前预测		钻后实际	
	A 层	B 层	A 层	B 层
顶深（TVDSS），ft	-3810 （SM-3，-3828ft）	-3865 （SM-3，-3884ft）	-3839	-3895
孔隙度，%	13.5	22.2	14.2	16
油水界面（TVDSS）ft	-3828（LKO）	-3884（LKO）	未钻遇	-3902

续表

参数	钻前预测		钻后实际	
	A层	B层	A层	B层
含水饱和度，%	23	23.4	30.7	48.9
储层净厚，ft	10	20	13	8
可采储量，10³bbl	35	95	—	—
初产，bbl/d	76		—	64

3）分析与评价

从该油藏油井的生产特征及油藏压力变化看，该油藏的驱油机理主要为水驱，其次为弹性驱和溶气驱。而水驱的来水方向是南北两端，SM-3井与SM-7井之间东侧有一高点，可能有剩余油富集。但是，由于水来自南北两端，它们的强弱如何，水前沿各自推到何处，是否已被任一方来水方向的水所扫过，以及SM-13井处是否真的有高点存在，都是难以了解的，因此打SM-13井的风险是比较大的。

从井的生产看，SM-3井早在2000年就因水淹而开始转入注水，一直注到2006年。SM-3井的停产转注，必然大大加快北边水的推进速度，到2013年SM-13钻井时此处很可能早已被北部的来水所扫过。钻井结果证实了这一点。SM-13井处A层虽还没被水扫及，而B层已基本被水扫过（水饱和度已达到49%，储层只还有8ft）。SM-13井2013年3月投产B层，产油20bbl/d，含水98%，到6月份又射开A层，产量略有改观，最初一个月达80bbl/d，但下降很快，半年后降到30bbl/d。截至2014年5月，SM-13井累计产油18×10^3bbl，累计产气24×10^6ft³。目前日产油约30bbl，含水率约98%。看来该井可能失败。失败的原因有油藏的复杂性、多方来水、构造不确定性（比预测低很多）等，但也有分析不到位的人为因素，而且应为主要因素。

14. South Mazari Deep-11（SMD-11）、South Mazari Deep-12（SMD-12）井和South Mazari Deep-13（SMD-13）井

1）South Mazari Deep油藏及开发概况

SMD-11井、SMD-12井和SMD-13井所在的South Mazari Deep油藏为一个东西被两条大断层夹持的南北长条形的油藏，其构造形态基本为从东南向西北倾斜。西北边和南端与边水相连。其构造井位图如图14所示。

该油藏主力层为α-Ⅱ和β两层，原始油储量α-Ⅱ层为12.34×10^6bbl，β层为

3.33×10^6bbl。该油藏的原油 API 重度 44°AP1，原始溶解气油比为 600ft^3/bbl，饱和压力 1850psi，属挥发油。该油藏 1993 年发现并很快投入开发。在钻挖潜井 SMD-11ST 井、SMD-12 井、SMD-13 井之前，已有 10 口老井，截至 2013 年 2 月共采油 5.0×10^6bbl，采出程度 33%，累计产水 22.2×10^6bbl，累计产气 38×10^9ft^3。

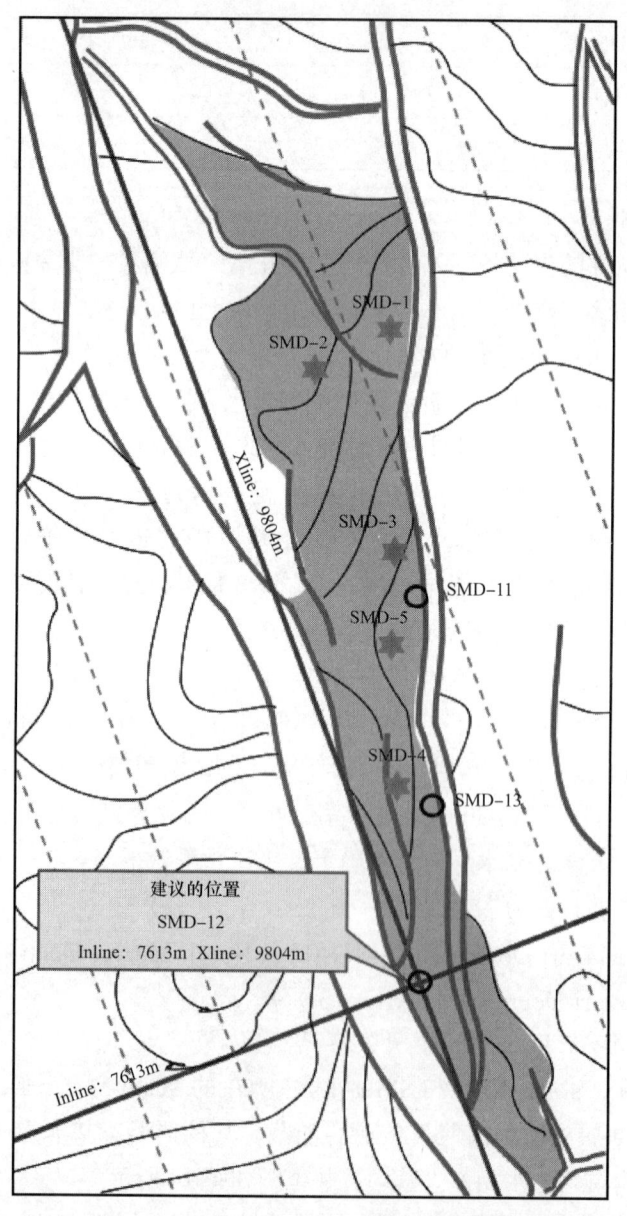

图 14　South Mazari Deep 油藏构造井位图

因为开发中水势较弱，油藏压力下降快，为了补充能量，SMD-2 井于 2009 年、SMD-1 井于 2011 年先后转注水，但效果都不够明显。该油藏原始压力 2238psi，到 2012 年底降至 584psi，所以溶解气驱是主要驱油机理。

2）钻井目的，预测和实际结果

（1）钻井 SMD-11 井的目的、预测和实际结果。

钻井目的：采 SMD-3 井和 SMD-5 井东边 α-Ⅱ和 β 油层的阁楼油。

钻井预测及实际结果：没有见到该井的预测资料。该井原设计为水平井，由于钻井井眼有问题，没钻水平段。α-Ⅱ层和 β 层合采。其半年的生产特征是产量低（约 20bbl/d），产水多（约 80bbl/d），生产含水 80%，产气约 $0.1 \times 10^6 ft^3/d$，生产气油比约 $5000ft^3/bbl$。截至 2014 年 5 月，SMD-11 累计产油 $6.8 \times 10^3 bbl$，累计产气 $35.6 \times 10^6 ft^3$。目前日产油约 30bbl，含水率约 64%。

（2）SMD-12 钻井目的、预测和实际结果。

钻井目的：采 SMD-12 井处 α-Ⅱ砂层的油。

钻井预测：最高可能获得储量 $390 \times 10^3 bbl$，初产 150bbl/d，最低储量 $210 \times 10^3 bbl$，初产 100bbl/d。实际结果：前半年平均日产油 20bbl，生产含水约 60%。截至 2014 年 5 月，SMD-12 井累计产油 $18 \times 10^3 bbl$，累计产气 $7 \times 10^{16} ft^3$。目前日产油 70bbl，含水率约 40%。

（3）SMD-13 钻井依据、预测和实际结果。

钻井依据：钻前认为 SMD-13 井处与 SMD-4 井属同一 Bata2 区块，SMD-4 井打开并酸化 β 层均无产出，故认为到目前为止 Beta2 区块的 β 层没有产出，因此打 SMD-13 井以采 Beta2 块 β 层的油。

预测及实际结果见表 13。

表 13 SMD-13 井钻前钻后对比表

参数	钻前预测	钻后实际
β 层顶深，ft	−5365	−5346
可采储量，$10^3 bbl$	175	—
初产，bbl/d	150	65

3）分析与评价

从该油藏的油藏条件和生产特征看（主要是油藏压力、生产气油比变化），该油藏水驱能量很弱，主要采油机理为溶解气驱。对挥发油性油藏来说，这种采油机理一般采收率都比较低。该油藏 33% 的采出程度正是这类油藏衰竭式开发的一般结果。这样的油藏，不管是油藏高部位还是低部位，都会有较多的剩余油（剩余油饱和度可能在 50%～60%），但由于油藏压力已很低，又都已成为脱气油，如果没有新的驱动能量参与，只是打挖潜井，不可能取得高的初产和经济累计产量。因此打 SMD-11 井、SMD-12 井、SMD-13 井，不管是在构造高部位还是在构造低部位都不能取得好效果，这是分析不到位造成失败的典型例证。

15. TURK-5（TUR-5）井

1）Turk 气藏开发概况

TUR-5 井所在的 Turk 气藏为一个被两条断层夹持的三角形气藏。其构造形态从顶角向西北底边倾斜。构造井位图如图 15 所示。该气藏已有老生产井 4 口，它们分别为 TURK-1 井、TURK-2 井、TURK-3 井和 TURK-4 井。至 2013 年 8 月，这些老井共产油 2.1×10^6 bbl，产气 $162.7 \times 10^9 \text{ft}^3$，产水 284.4×10^3 bbl。

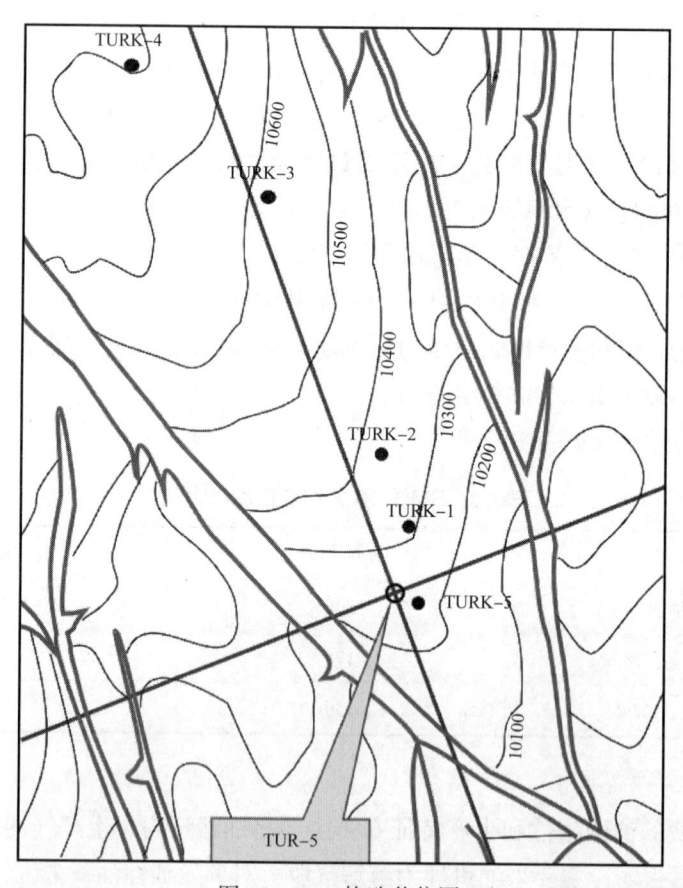

图 15　Turk 构造井位图

2）TURK-5钻井目的，预测和实际结果

钻井目的：开采底砂层2小层和3小层的气。

预测：增加可采储量，其中凝析油 28.7×10^3 bbl、气 12.1×10^9 ft^3。初产 5.4×10^6 ft^3/d。

实际结果：由于底砂层无产量改投产中砂层，初期油产量57bbl/d，气 5.2×10^6 ft^3/d。截至2014年5月，TURK-5井累计产油 8×10^3 bbl，累计产气 895×10^6 ft^3。目前日产气约 8×10^6 ft^3，日产凝析油约40bbl。

3）分析与计价

从TURK-5井在目的层底砂层的结果看，该井为一口失败井。这里反映了一个事实，那就是以前无法实现商业开采的层位，只是通过调整井位仍会难以生产，这应为分析不到位造成的失败。该井退而生产中砂层的天然气，只是加快了中砂层的开采速度而并没有增加可采储量。

主要认识

（1）据统计，2013年Badin油区老油气藏中共钻了18口挖潜井，按上面提出的成败判断标准，其中成功井只有4口（BAC-3井、BSD-7井、DBS-2井和KOL3井），占所钻挖潜井总数的22%，近80%的井因各种原因而失败。从这一结果看，Badin油区老油气藏经多年的开发挖潜，到现在虽仍有一定潜力可挖，但其潜力确实已不多了。

（2）据统计，在挖潜失败的14口井中，有10口是由于钻前分析不到位造成的（如DUP8、JHS3、MUB4、SON13ST、SON14、SM-13、SMD-11ST、SMD-12、SMD-13和TUR-5），占挖潜失败井的72%，而因为目前技术水平有限，对地质构造、断层封闭性及储层物性变化等的不可知因素所造成的不可避免的失败井有4口，占失败井数的28%。这一数据表明，只要在选钻挖潜井前认真分析，避免因分析不到位而造成失败，就可把挖潜井的成功率大大提高，从目前的22%提高到78%。

（3）总结2013年Badin油区挖潜井失败教训和开发Badin油区的实践认识，认为在以下情况下挖潜井很难取得成功：

① 以弹性能量或溶解气能量为主要开采机理的油藏，到开发后期，油藏压力都已很低，对油藏来说虽然到处都有较高的剩余油饱和度，但由于已受到溶解气的驱扫，加之剩余油已脱气对溶解气驱来说已成为死油，如果只是打挖潜井而不加入

工补充驱动能量或改变开发方式，将不会有多少油能被再采出来。例如 SM-13 井和 SMD-11 井的挖潜失败就属这一情况（参见前文相应章节），对于气藏来说，由于这类气藏压力已很低，这类气藏不论高部位还是低部位，剩余气都已很少，所钻挖潜气井也基本都没有经济产量。所以以弹性能量为主压力已很低的气藏，如不人工补充能量只是打挖潜井往往也是失效的。

② 带油环的气藏，如果开发初期没有优先开发油环油，而是先开发了气顶气。到了开发后期，虽然油环油的采出程度很低（一般在 5%~20%），但这时再想挖潜油环油是相当困难的，一般都是以失败而告终。其原因是：如果这种油气藏为强水驱，边水会把部分油环油推入气藏部位，使油环中和侵入气藏中的油都成为水驱残余油而无法采出；如果该油气藏的开采机理是以气顶气膨胀为主，那么开发中气藏压力的快速降低，会使油环中的油受到溶解气驱或气藏气驱而成为气驱残余油，再加上气藏压力的降低，其挖潜井不但采不出油，而且连气的产量也很低，如 DUP8 井就是这种情况（参见前文相应章节）。

③ Badin 油区的油藏油都为轻质油，储层比较均质，分层又比较少，边水推进比较均匀，单层突进不明显，只要高部位的井被水淹，来水方向的低部位基本都被水淹，因此无潜可挖。

(4) 总结 2013 年 Badin 油区挖潜井成功的经验和 Badin 油区的实践认识，今后的挖潜方向应是以下几个方面：

① 在 2013 年 Badin 油区所打 4 口成功井中，有 3 口为挖掘阁楼油气井，可见今后挖潜阁楼油气仍将是重要挖潜方向之一。但是统计数据也告诉我们，也并不是所有阁楼油挖潜都能成功，11 口阁楼油气挖潜井中只成功 3 口，比例也很小，只有在下列情况下才能有较大成功率：a. 必须是强水驱油气藏中的阁楼，如 DUP8 井；b. 阁楼要有足够的容积，即要有足够的圈闭面积和高度，否则会造成失败，如 MAZ12 井；c. 要确保阁楼没有受到水的扫及，否则也会造成失败，如 SM-13 井。

② 井距远大于井到油水边界的距离（如前者大于后者的 2 倍）时井间或较大范围无井控制的油藏端部，会有一定的剩余油富集区。尽管 Badin 油区的油比较稀，油层又比较均质，开发过程中边水在井点的舌进不是太强，但在稀井高产开采的条件下还是有一定的舌进发生的。Mazari 油藏的开发充分说明了这一点。该油藏开发初期的第一批井井距为 600~700m，而这批井到油水边界的距离为 500~600m。在这批井开采到高含水时，进行了加密，这些加密井尽管产油比第一批井少得多，但仍产出很多油，证明在井距大于井到油水边界的距离时井间会有剩

余富集油，而且大得越多，剩余油会越多。

③ 以弹性能或溶解气能为主要采油机理的油藏，其最终采收率都比较低，一般为 20%～30%。但在这种经多年开发天然能量已基本枯竭的油藏再打挖潜井已没有潜力可挖。但如果改用不规则的面积注水开发方式，可以把这些油藏的采收率提高到 50% 以上，这将是 Badin 油区今后挖潜的一个重要方面，并且很可能会成为一个新的挖潜亮点。

④ 巴基斯坦项目区的天然气有的含有较多的二氧化碳，放空不但污染大气，而且是一种浪费，对那些衰竭式开发，采收率很低的挥发油油藏应考虑采用混相驱提高采收率的方式。

（5）统计结果表明，2013 年 Badin 油区所打挖潜井，到 2014 年 4 月底，共产油 375×10^3 bbl，共产气 $2500 \times 10^6 ft^3$。粗略估计，投入产出基本能持平。只要在今后的挖潜中，做到认真分析，减少或避免人为因素造成的失误；尽量避免再打前文所指出的难以取得成功的挖潜井；尽量按本节所指出的挖潜方向实施挖潜措施；并且对挖潜井一定要采用合理生产压差，防止水气的过早突破，就能大大提高今后挖潜的效果。

致谢：本文在准备过程中得到了王媛慧、彭昱强、唐晓彬、陈静等人的帮助，在此一并致谢。

参 考 资 料

[1] 2013 年挖潜井的钻井设计书（即 SOR）。
[2] 各挖潜区块的储量文件。
[3] 巴基斯坦项目 OFM 数据库。
[4] 2013 年完钻挖潜井的测井解释成果。

对高升油田合作区火驱项目的调整建议

（2015 年）

高升油田合作区的火驱项目，是联合能源公司在国内的一个项目，最初委托辽河油田负责实施，2015 年初联合能源集团有限公司令其北京研究院参与研究及提出调整意见。本文就是我在这些研究和调整中所提的意见。

在高升油田合作区火驱项目研讨会上的发言（2015.5.25）

1. 高升油田合作区火驱形势

高升油田合作区的火驱，从目前的开发动态和动态预测看，今后 24 年开发期只能采出方案设计预测产量的 1/4，比原蒸汽吞吐提高采收率 5%。由此可见，在目前的开发条件下，其开发前景是非常严峻的。

2. 造成目前这一严峻形势的原因

为了克服目前火驱开发的这一严峻形势，必须首先找出造成这一结果的原因，以便对症下药来治疗。初步分析其原因有两方面：

（1）高升油田合作区是一个巨厚块状的、油品较稀的稠油油藏。它最适宜的开发方式是火驱辅助重力泄油，而不是一般的火驱。因为它是巨厚油层，常规火驱波及较差，效果会相对差些。但方案选用了火驱的开发方式，这是最大的失误。

（2）初步阅读开发方案、调整方案，以及实施的一些做法，有许多违背火驱实践中已取得的经验，使火驱效果更差。

3. 改进开发效果的原则意见

（1）根据目前油田火驱实际情况，已很难改为标准的火驱辅助重力泄油开发方式。我们知道标准的火驱辅助重力泄油其采油机理主要是重力泄油，火驱只是加点顶压和一点热，以帮助泄油。火驱辅助重力泄油是从油层顶部注气，用油层底部的水平井采油，这需要重新打一套井网。所以这里既有大量投资的决心问题，也有在目前油藏条件下能否成功的忧虑。改进火驱的下步可行的办法是尽量向火驱辅助重力泄油开发方式靠近，尽力发挥重力泄油作用。例如利用地层倾角，从上倾部位向下倾部位推进；火井射油层上部，生产井射油层下部，以增强重力作用等。

（2）找出方案、调整方案及实施中违反火驱基本经验的地方并加以改进，以改善火驱开发效果。

4.近一个世纪来火驱实践已取得的基本经验

这里再次展示火驱实践的基本经验，以便于大家找出方案设计及实施中违反火驱基本经验的地方，并提出符合火驱经验的改进建议。其基本经验简要汇总如下：

（1）做好火驱油藏选择是火驱成功的基础。不符合火驱条件的油藏，火驱绝不会成功，如美国在中大陆土豆状储层进行的多个火驱项目都以失败而告终。有关火驱油藏的选择，已有许多标准，在相对高油价下（如50美元/bbl以上），符合选择标准的油藏一般都能取得经济上的成功。

（2）井组式的面积井网不适合火驱。在火驱技术的应用初期，人们受面积注水井网的影响，大都采用井组式面积井网。但由于在这种井网下，生产井都是受多个火井影响，无法调整火驱前沿；另外，当某一方向的某一层发生热突破后，因高温被迫关井时，不但热突破方向上其他层的油无法采出，其他没有发生热突破方向的油也无法采出。因此这种面积井网很少能取得好效果。单方受火井作用的线性火驱就不会发生这些问题，因为一旦热突破后即可关井，它附近的油还可用二线上的生产井采出。在线性驱的实践中人们还发现，从高部位向低部位的推进要好于从低部位向高部位的推进。这是因为由低部位向高部位推进气体容易发生窜流，而且被火驱推动的油有时还会回流到已燃过的低部位。而从上倾向下倾方向的推进，在重力作用下，气不易窜流，油也不会回流，因而从上倾方向向下倾方向的线性火驱一般都能取得最好效果。所以经验告诉我们，对火驱来说，如果油藏足够大，最合适的是从构造高部位向构造低部位推进的行列井网，并且当火驱前沿推到一定距离时，如有必要可把火井移到某排生产井继续向下驱，直驱到油藏下边界的最后一排生产井。如果油藏较小，形不成排状布井，可以在构造相对高的位置，选几口火井拉火线，向相对位置较低的井推进，一直到油藏中所有油井都被热突破不能再生产为止。图1是罗马尼亚Suplacu油田的行列火驱布井示意图。图2是美国Tr-Li油藏在高部位拉火线的布井示意图。

（3）在火驱设计上，既要注意压风机排量与注入井的注入能力和最大空气需要量的匹配，又要注意火井的空气注入速度与相应生产井的产能相匹配，以确保火驱前沿所需空气量的供应和产出，使火驱能够协调顺利进行。例如当你已有了压风机，你要考虑开展多大规模才能保证火驱的供气；当你决定了开展火驱的规模时，你要考虑买多大排量的压风机才可以保证要实施规模火驱的供气。又如当你根据井

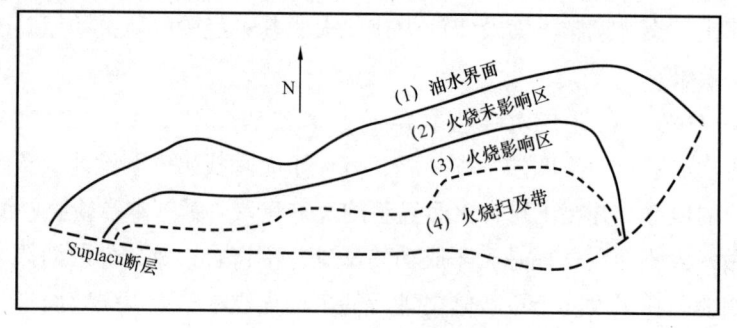

图1　Suplacu 油田 1993 年 12 月的行列火驱布井示意图

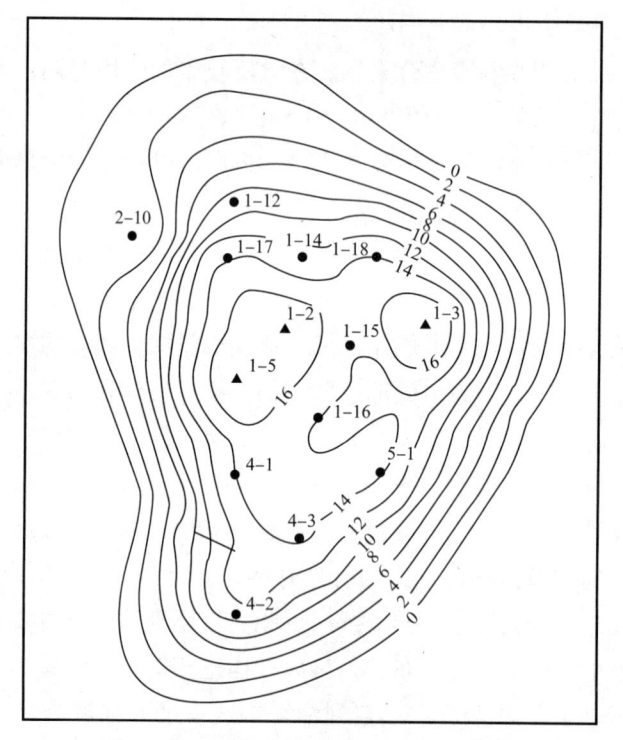

图2　Tr-Ii 油藏高部位拉火线的布井情况

网设计了火井的注气速度时，你要考虑对应火井的生产井能否顺利产出注入井所注入的空气及注入空气所驱出的油和水。否则要另加生产井，以达到注采平衡。

（4）对火驱稠油来说，为了确保火驱在高驱替效率的高温燃烧模式下进行，必须保证火驱前沿维持在高温燃烧的推进速度下。这一速度一般范围为 5~15cm/d。不同油藏会有所不同。一般说来，地层油黏度小，油层厚度小的油藏推进速度应接近上限，而地层油黏度大，油层厚度大的油藏其推进速度应接近下限。

（5）在布井不太均匀的情况下，要具体设计各注入井和生产井的注空气速度和产液速度，并根据动态及时调整，以确保行列井网下燃烧前沿的均匀推进。

（6）限流射孔是调节纵向上吸气剖面的有效方法。采用限流射孔可提高吸气剖面的均匀度。一般是注气井每米射2～4孔为宜，如果油层厚，射孔段大，要适当留有盲段，以便分层作业。

（7）蒸汽吞吐引效是改进平面上火前沿均匀推进的有效措施。对于地层油黏度过大的（如大于3000mPa·s）稠油油藏，为了使火驱能够启动起来，火驱初期也可对油井普遍实行蒸汽吞吐引效。

（8）对于地层油黏度过大的（如大于3000mPa·s）稠油油藏，火井点火应采用先注入一定量的蒸汽，再用人工加热，把井底直接加热到400℃以上，以防陷入负温度区。对于油层温度较高、油品较稀的稠油来说，可采用自燃点火方式，因为稀油对反应温度不太敏感。

5. 高升油田合作区的基本特征

为了便于大家提出有针对性的修改意见，这里有必要简要介绍一下对火驱有较大影响的一些油田基本情况。根据调整方案的描述，其基本情况如下：

（1）高升油田合作区分为3个区块，他们分别为高3618块、高3块和高246块。平面和构造形态如图3所示，基本为一个被两条断层夹持的由北西向南东倾斜的油藏。

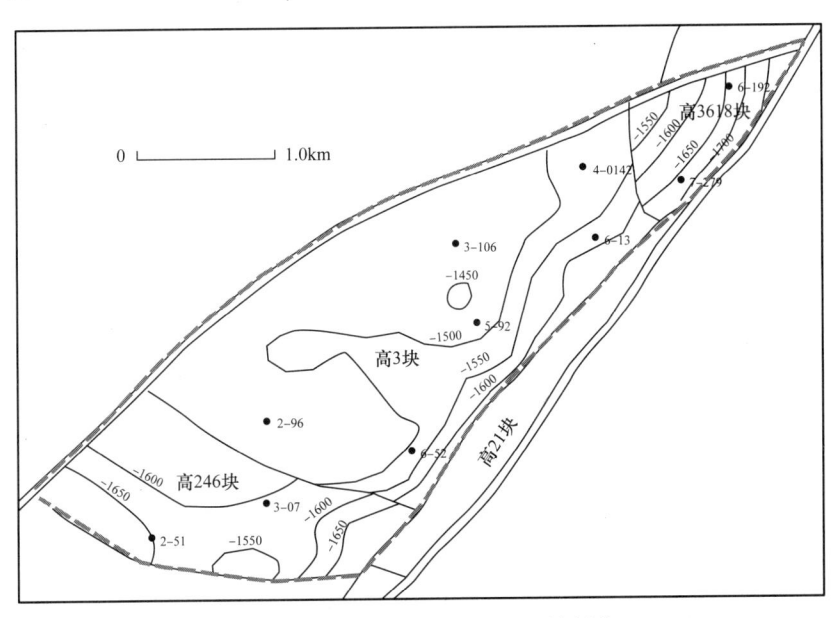

图3　高升油田合作区范围及区块划分

（2）油藏埋深1600m，油藏原始压力17MPa，油层温度56℃。

（3）油层为巨厚块状疏松砂岩，平均孔隙度21%，平均渗透率1500mD，属高孔隙度、高渗透率储层。

（4）L_5—L_6砂岩组间隔层较发育，最大厚度25m，平均5m左右，岩性为泥岩。L_6—L_7之间隔层厚度最大15m，平均1.1m，岩性泥岩。砂岩组间的隔层基本能起到阻隔作用。

砂岩组内部小层间的隔层都不太发育，最厚在3～5m，平均0.5～1m，而且0.5m以下厚度占40%～50%，所以基本起不到隔离作用。

（5）原油密度0.93～0.97g/cm³，属普通稠油。50℃下脱气油黏度2800～3500mPa·s，地层油黏度520～1000mPa·s。

（6）储量：合作区三块总储量大约为7800×10^4t。所用计算参数：高3618块孔隙度20%，含油饱和度57%；高3块孔隙度23%，含油饱和度58%；原油体积系数都取1.05。

（7）高升油田从1977年开始投产，以常规采油进行生产。初期油井产量10t/d左右，从1986年开始转为蒸汽吞吐生产，一直到2008年合作前。

（8）合作区合作前基本已形成105m井距的井网，采出程度20%左右，油藏压力已降至1～2MPa，吞吐生产平均单井产量在0.5～1t/d，吞吐生产已到末期。

6. 方案设计和实施中存在的问题

找出方案设计和实施中存在的问题是提出调整建议的前提。只有找对问题，才有解决问题的可能，下面是我初步找出的一些问题，以抛砖引玉。

（1）像高升这样变化不大的油藏，开发方案将其分成10个单元（3个块、7个层系），4种开发方式（火驱、水驱、烟道气驱及蒸汽吞吐）和6种开发形式（200m和300m排距的线性火驱，105m和210m井距的九点井组式火驱，以及直井水平井组合火驱等）。从这些名目繁多的单元、开发方式和开发形式看，其复杂程度在世界油藏开发史上也绝无仅有。我们可以想象10个单元、10种开发方式与形式，再加上投产的先后、开发进度的不同及区块和层系间的窜流，谁能对地下动态状况能清楚地加以说明，谁又能拿出符合地下情况的管理和调整措施。分得如此复杂实属没有必要，是自找麻烦，把水搅浑。首先应减少开发方式，去掉已经证实对稠油开发无效的水驱和烟道气驱，其次选择一两种对该油藏火驱合适的井网，以大大简化开发。

（2）像高升油藏这种砂层组内隔层不发育，起不到阻隔流体作用，又蒸汽吞吐多年，油井基本都已窜槽的油藏，硬要将其细分为多层系是不可取的，很可能不但带不来好处，而带来负面影响。例如高3618块，砂岩组间隔层还相对发育，从地质上分为两套层系是可行的。但如果再把内部隔层不发育的L_5砂层组再细分为两套层系（L_5^{1+2} 和 L_5^{3+4}）就不可取了。因为 L_5^{1+2} 与 L_5^{3+4} 是分不开的，对这种分不开而硬分为两套层系的，无论先开发上层系还是先开发下层系都不可能顺利进行到底。例如，先开发下层系，上层系的油将不断在重力作用下进入下层系的已燃区。下层系的火烧前沿后面总有燃烧的油，而火烧前沿得不到氧气，使燃烧前沿不能前进或熄火。如果先开发上层系，该层系还能得到有效开发，但待进行下层系的开发时就不能顺利进行了。因为这时上层系已空，已成为气顶层，火驱注入的空气可能有先进入上层系，另外，火驱前沿推动的油不是沿本层系向前走，而是要超覆到上层系中而被滞留在那里或被烧掉。所以对不能分开的层，分层系火驱是不可取的。另外，下返式开发，油井在上层系开发时都已受了高温被损坏，不可能再承担下层系的开发任务。所以下返式开发是绝对不可取的。因此世界上一般都是采用上返式开发，而没有下返式开发的。

（3）井网设计和实施中都存在很大问题。

原方案和调整方案对高3块的井网设计都是井组式的面积井网。前面已说过，井组式面积井网对火驱是不合适的。因此，对它的井组式井网应加以改造。

对高3618区块，原方案的设计是："L_5 和 L_6 分两套开发层系，纵向上下返式开发，平面上自高部位开始移风接火式；火井排距210m，排内井距105m"。调整方案改为"三套开发层系（L_5^{1+2}，L_5^{3+4} 和 L_6）；纵向上仍采用下返式开发"；这里先不说原方案和调整方案是否合适，而实际中采用的井网既不是原方案的井网，也不是调整方案的井网，而是两排火井夹两排生产井的井网，排距、排内井距都为105m，如图4所示。这种无端不执行方案的事在油藏开发史上也是鲜见的。

这里我们看到，原方案设计"两套层系"，"平面上自高部位开始移风接火式"，这些想法基本是对的，但"纵向上下返式"的方式就有很大问题了。

调整方案不但没有改变原方案的"下返式"开发的错误，也没有遵照"自高部位向下驱替"的原则，而且又错误地将内部没有有效隔层的 L_5 砂岩组分为两套层系，即共分为三套层系下返式开发。对于分层系以及下返式开发的问题前面已分析过，这里不再重复。这里只需要谈谈"两排火井夹两排生产井"的问题。

对两排火井夹两排生产井的问题，暂且不讲空气外窜的问题，只谈内部问题。如果所有火井和油井同时投产（高升就是如此实施的），火井点处是高压点，生产井处是低压点，火井之间、油井之间相对是中压区。在这种情况下，火烧前沿将由火井优先向第一排对应的油井突进。这样就不是从火井排向生产井排火线式推进了，而是在火井与第一排对应油井之间形成突进的燃烧条带，而条带间留有大量没有被火烧的条带。这些问题在调整方案的动态分析中就已出现，并有所描述。例如，"两口火井投注多年后，在其间钻的井仍能产油 5t/d"；也谈到"燃烧前沿呈条带状"，"在一口井底温度已达 150℃、距其 20m 的侧钻井中井底温度只有 50℃"等。另外，待两排火井的前沿分别突破自己的第一排对应的生产井之后，油井分别关井，两排生产井之间的地带也不能得到有效开发，如图 5 所示。所以这种布井和投产方式是不可取的。

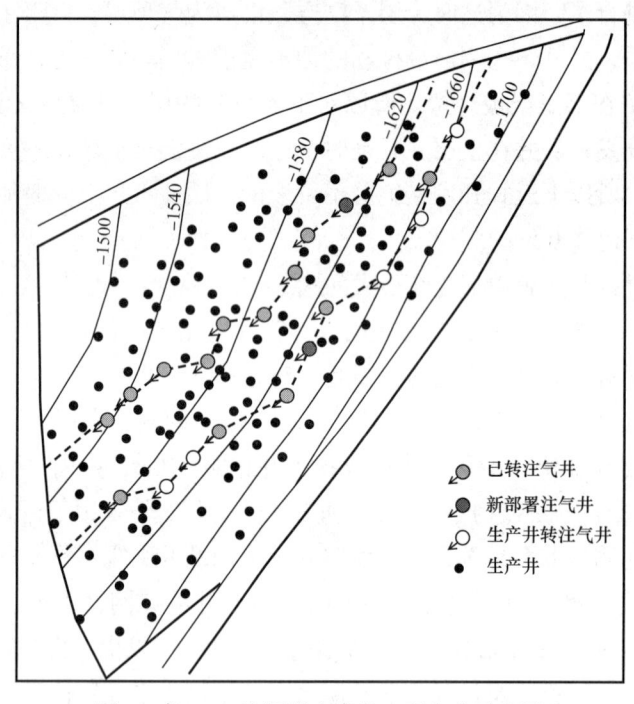

图 4　高 3618 块调整方案的火驱布井示意图

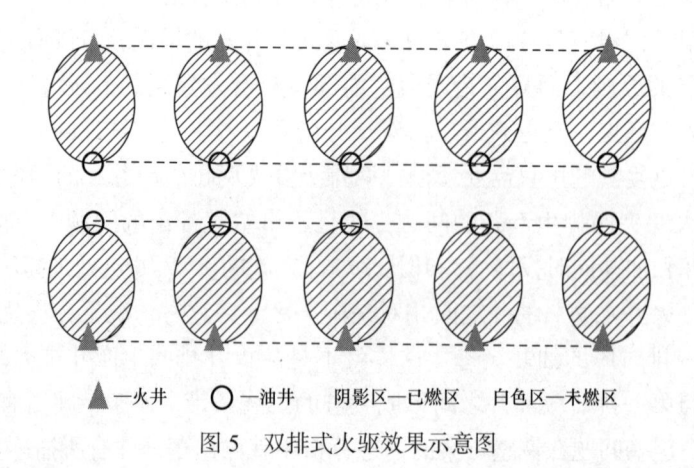

图 5　双排式火驱效果示意图

（4）注气速度设计和实施中都存在问题。

这里以高3618块为例来加以说明。

原方案设计两套开发层系，L_5层为先开发层，厚60m，排距、井距都是105m，火驱初期单井注气速度5000~7000m³/d，月增3000~4000m³/d，最高增至60000m³/d；调整方案分三套层系，先开发层系为L_5^{1+2}，厚30m，排距、井距都是105m，（注气强度推荐600m³/(d·m)，即单井注气速度为$1.8×10^4$m³/d，实施中实际注气速度单井平均只有$1.1×10^4$m³/d。

现在我们看看为维持原方案和调整方案的正常火驱，应有的注气速度是多少？为了估算它们的合理注气速度，设燃烧1m³油层需300m³空气，燃烧前沿推进速度为0.08m/d，燃烧波及率为50%。那么原方案的合理注气速度应为105m×60m×50%×0.08m/d×300m³/m³ = $7.6×10^4$m³/d，调整方案的合理注气速度 = 105m×30m×50%×0.08m/d×300m³/m³ = $3.8×10^4$m³/d。可见，不管是原方案还是调整方案所设计的注气速度，都大大低于维持正常燃烧所需要的合理注空气量；而实际的注气速度更低，为$1.1×10^4$m³/d，还不到维持正常燃烧空气需要量的30%。这样的注空气速度不但难以维持前沿的高温燃烧，而且开发速度也太慢。据调整方案预测，在这样的注气速度下，20多年合作期只开发了L_5^{1+2}的中间条带，只约开发动用了高3618块储量的1/6。

过慢的注空气速度还造成了另一问题。把有限的注气设备分散到合作区的大片区域，结果都成了"奄奄一息"的低效开发。如何开发好合作区的储量，应该做个整体规划，合理配备注气设备，分期、分片、高速、高效地梯次进行开发。

（5）高升油田的火驱很可能没有真正实现高温燃烧。

尽管调整方案分析中说"高升的火驱实现了高温燃烧"，但从以下事实看，高升的高温燃烧是值得怀疑的：

① 从前面的注汽速度可知，实际注气速度只有应有注气速度的1/6，根本不能维持火驱前沿的正常燃烧，不可能有正常的高温火驱。

② 真正高温燃烧的火驱，其前沿温度一般为400~600℃，据调整方案描述，高升火驱的监测数据是："高3块所有注入井监测到的最高温度为209℃，距注入井仅有26m的观察井的最高温度只有189℃，距火井78m的生产井的最高温度154℃"，"高3618块距火井21m的35-0151C井不同时间的测温剖面的最高温度都在200℃以下……"。这里根本没有高温的影子。

③ 生产特征也不像真正高温燃烧模式的火驱。真正高温燃烧的火驱，油井

产量一般都是火驱前的十几倍到数十倍，而且大部分井能自喷生产。这样的例子很多，如美国埋深3600m、油层厚度20m的棉花谷油藏的火驱，其产量从火驱前的40bbl/d很快（约半年）上升到400bbl/d，几年后最高达2000bbl/d，提高了50倍。又如美国的南Belridge油藏（埋深370m，油藏厚度30m，原油重度13°API，地层油黏度2700mPa·s）的火驱，火驱前产量为1500bbl/mon，火驱后马上升到15000bbl/mon，最高达到20000bbl/mon，提高了13倍。[请参阅岳清山等译《火驱采油方法的应用》]

火驱之所以能大幅提高产量，原因有二：一是火驱后的油藏压力一般都会有所上升。二是火驱前沿的高温将靠近前沿前面油层中的油裂解汽化，将那里的水也汽化，形成汽化带，这些汽化的易流动的汽化物在烟道气的推动下，优先被推进到更前面的温度较低的凝析带，并在那里凝析成液态，形成高液体（特别是油）饱和度带，即常说的油墙。

所以只有真正的高温燃烧模式的火驱才能形成高产期。没有真正实现高温燃烧的火驱情况就不同了，火驱前沿没有形成高温，前沿的油不能裂解，水也不能汽化，烟道气仍推动黏度较大的油和水，其驱替效率有限，因而也就不能形成油墙，产量也自然不能大幅提高。所以对稠油的火驱一定要千方百计实现真正的高温燃烧，这是火驱的重中之重！

造成不能实现高温火驱的可能原因是注气速度太低或点火方式的选择不当，或两者皆有之。

（6）高升油田标定的储量计算可能存在很大问题。

① 孔隙度取值可能大大偏低。我们知道，疏松砂岩的孔隙度一般为25%～30%，或者更高，但是高3618块储量计算中采用的是电测值20%，岩心分析比电测高3～5个百分点。对疏松砂岩来说，一般很难取到测孔隙度的岩心柱，只有具有一定胶结的才能取得。故疏松油层的岩心分析数据都是孔隙度相对较低的层段，实际值应比分析值还高。这里保守估计高3618块的平均孔隙度在25%以上。

② 含油饱和度取值也太低。高3618块储量计算中取值57%，在高孔隙度、高渗透率疏松砂岩的稠油油藏中，原始含水饱和度不可能达到43%这么高。据世界稠油油藏统计，平均含油饱和度85%，而且高孔隙度、高渗透率疏松砂岩的含油饱和度应还高于这一平均值。

事实上，高升油田初期打的一口取心井的岩心含水饱和度只有5%～10%，即含油饱和度在90%以上。这里保守地取原始含油饱和度85%。以新估的这些储量参数计算，高3618块的实际储量几乎是原标定储量的2倍。

这里做这些分析，一方面说明高升油藏的实际原始储量远大于标定储量，以增强提高开发效果努力的决心；另一方面，对储量有个正确估计才能正确的设计火驱方案和预测火驱动态。

③ 我的这一储量估计在座的可能没人相信。为证明这一估计的正确性，这里以高3618块为例来看看标定储量准确还是我们分析的准确。

为了避免繁杂的单位换算，在以下的计算中，近似地设原油相对密度为1.0。

高3618块从2008年开始火驱到2013年底累计注空气$23100 \times 10^4 m^3$，累计产油$15 \times 10^4 m^3$，即累计空气油比为$1545 m^3/m^3$。

以标定储量计算的火驱理论产油量及空气油比：

标定储量计算参数$\phi = 20\%$，$S_{oi} = 57\%$，$B_{oi} = 1.05$。即$1m^3$油层原始含油$109 L/m^3$。去除已采出油$22.8 L/m^3$（火驱前的采出程度20%）和燃料油$25 L/m^3$，则每立方米油层火驱可驱出的油为$109-22-25 = 62 L/m^3$，那么高3618块从火驱开始到2013年底，火驱驱出油量应为（$23100 \times 10^4 m^3 \div 300 m^3/m^3 \times 62 L/m^3$）$= 4.8 \times 10^4 m^3$，即以标定储量计算的理论采油量只有$4.8 \times 10^4 m^3$，空气油比为（$23100 \times 10^4 m^3 \div 4.8 \times 10^4 m^3$）$= 4813 m^3/m^3$。

以新的储量计算参数计算的火驱理论产油量及空气油比：

以新储量参数$\phi = 25\%$，$S_{oi} = 85\%$，$B_{oi} = 1.05$计算，$1m^3$油层原始含油$202.4 L/m^3$。去除已采出油$22.8 L/m^3$和燃料油$25 L/m^3$，则每立方米油层火驱可驱出的油为$202.4-22.8-25 = 154.6 L/m^3$，那么高3618块从火烧开始到2013年底，火驱的理论产油油量应为$23100 \times 10^4 m^3 \div 300 m^3/m^3 \times 154.6 L/m^3 = 11.9 \times 10^4 m^3$。

以新估储量计算的火驱理论空气油比为$23100 \times 10^4 m^3$空气$\div 11.9 \times 10^4 m^3 = 1940 m^3/m^3$。

由以上计算结果看出，若以标定储量计算，其理论产油量和空气油比与实际产油量和空气油比相差甚远，（理论计算产油$4.8 \times 10^4 m^3$，空气油比为$4800 m^3/m^3$，而实际产油$15 \times 10^4 m^3$，空气油比$1550 m^3/m^3$。）这就是说如果油藏中的实际储量真的是标定储量，那么生产动态不可能有实际这样的动态。但是，如果按新估计的储量计算，其理论产油量和空气油比很接近实际产油量和空气油比（理论计算产油$12 \times 10^4 m^3$，空气油比为$1550 m^3/m^3$，实际产油$15 \times 10^4 m^3$，空气油比$1940 m^3/m^3$）。也就是说，新估算储量的理论动态和实际动态更接近，说明新估储量更接近实际储量。但还略小于实际储量，可能实际孔隙度和含油饱和度比估计的还要大。

（7）火驱实施中存在的问题。

造成目前火驱如此差的原因，不但方案设计存在许多严重问题，而且实施中也存在许多问题。通过实施情况汇报，我们发现实施中有以下问题：

① 高3618块的火驱布井，方案设计是从高部位开始向下移风接火式火驱。实施中并没有从高部位开始，而是拦腰截断。这就破坏了高3618块的整体推进、充分利用重力泄油的开发机制。

② 注气速度任意大幅度降低。原方案设计，单井注气速度 $6 \times 10^4 m^3/d$ 尽管低于所需注空气速度，但这一速度并没有执行，而实际最高只有 $3 \times 10^4 m^3/d$。并且在遇到生产井高产气的麻烦后又将其降到 $1 \times 10^4 m^3/d$ 左右，只有方案设计的17%。

调整方案设计的注气强度 $600m^3/(d \cdot m)$。即在开发油层厚度30m的 L_5^{1+2} 条件下，单井注气速度应为 $1.8 \times 10^4 m^3/d$（这里不管设计是否错误），而实施中又没有执行，而是又降至 $1.1 \times 10^4 m^3/d$ 的水平。

③ 蒸汽吞吐引效被误用。火驱中的蒸汽吞吐引效是为了加快前沿推进慢的井点上前沿的推进速度，使火驱前沿更为均匀的推进，以提高开发效果。但高升火驱中的吞吐引效变了味，专选那些火驱见效好，蒸汽吞吐更能取得较多增产的井。这样做的结果虽然对当时产量有一定增加作用，但火驱前沿会更不均匀，使火驱效果变的更差。

④ 实施中不能抓住好的苗头，将开放形势向好的方向发展，而是采取扑灭的手段。调整方案第8页在谈论调整必要性中有这样一段话"……高3618块火驱开发表明，当将注气速度由 $1 \times 10^4 m^3/d$ 提高到 $3 \times 10^4 m^3/d$ 时，对应油井的产量由2t/d上升至6~8t/d，但产气量也大幅度上升至 $2 \times 10^4 m^3/d$，受高气油比举升技术的制约，难以实现长时间的高产气高产油开发，最终造成无法正常生产而关井。"

这话的原意是说明必须下调注气速度。但当我看到这句话时为这一现象感到惊叹、惊喜。并且做了如下解读：

a. 从注入产出物质平衡来说，注空气 $3 \times 10^4 m^3/d$，对应井也应产气 $3 \times 10^4 m^3/d$，而实际对应井是产气 $2 \times 10^4 m^3/d$，这说明火驱的气和油并没有完全从"对应"的井中产出，而是部分被推到"非对应"井中，如果我们按对应井的气油比推算，并且火驱驱动的气和油完全由对应井中产出，那么对应井的产气量应为 $3 \times 10^4 m^3/d$，产油量会达到10t/d。这一事实有力地证实了火驱中只要合理高速注气，就能有高产。不但如前面所说其他油田有这种经历，高升油田也有这一经历。而且高速注气的增产不只是注气速度的增长倍数，而是加倍增长。如本例注气速度增加2倍，而产油速度增加4倍，这里有两个原因：如关博士所说，"注气速度越大，超覆作用越弱化；注气速度越高，高温氧化的程度越大"。

b. 从上述叙述看，"由于受高气油比举升技术的制约，油井不能正常生产"，这可能并不是主要原因。注气速度 $1\times10^4\text{m}^3/\text{d}$ 时，油产量2t/d，生产气油比为 $5000\text{m}^3/\text{m}^3$，而注 $3\times10^4\text{m}^3/\text{d}$ 时，产油7t/d，气油比为 $4300\text{ m}^3/\text{m}^3$，从生产气油比看，油井生产状态在增注后应该有所改善。那么，注 $3\times10^4\text{m}^3/\text{d}$ 时油井不能正常生产的原因应是产气量的增大。其实从火驱的经验看，油井产气 $2\times10^4\text{m}^3/\text{d}$ 并不是太高，工艺上应能够解决。其实，火驱注气井日注几万立方米气，生产井日产几万立方米气，是很平常的事。为什么我们就不行？不可理解。

如果油井产气量太高，造成严重出砂，设备砂蚀或风蚀，工艺上解决不了，我们还可从井网设计上解决。总之，解决这一生产问题，不应降低注气速度，而应千方百计保住合理高速注气，保住高效高产的开发形势。至于生产问题，另想办法解决（如套管放气）。

c. 高升油田发现高速注气的火驱有高产而没有引起关注使我感到叹惜。对高产引起的生产问题，其解决办法是降低注气速度，结果把高产这一亮点消灭在了萌芽中。但他们发现的高升油田火驱能有高产这一事实，比我说千遍万遍更有说服力，因此我为这一发现而高呼，希望你们重新思考这一问题！

7. 对高升油田合作区火驱的调整建议

1）原则性建议

根据火驱多年积累的经验以及高升火驱的问题，提出以下原则性建议：

（1）在目前已开发的条件下，要坚持少投入而使开发形势有所好转的原则，改进目前的火驱是高升合作区最可行的办法。

（2）目前注气速度太低，应集中部分区块加强注气，改变目前的大面积的"奄奄一息"的开发局面。

（3）要把其他井网逐步改为火驱最适合的线性驱井网，并且尽量从油藏高部位向低部位驱替，以充分发挥重力泄油作用。

（4）在采油工艺上，应努力研究采用适合火驱特点的采油新工艺，以解决火驱见效前高黏油的进泵难题和见效后高产气的问题。以确保油井在不同的恶劣条件下能正常生产。在没有好的新工艺之前仍可采用见效前掺稀生产，但见效后或大量产气后要及时停止掺稀，让出环空排气。如仍难以举升，可注入一定量的蒸汽，加热井底附近的油层和井筒。

（5）对大厚层如何分层，是否能细分层有待试验研究后再定。

2）具体区块的调整建议

（1）高3618块。

① 急需进行的调整。应尽快停止下排火井以及块内其他注气井的注气。因为双排火井夹两排生产井的布井问题实在太多，需要改变成单排火井移风接火式开发方式。下排火井投注较晚，注气时间相对较短，停注下排还可以保住上排火井以下大面积的向下倾方向的合理开发。

② 在试验取得结果之前，其他方面尽量维持现状，除为了解决生产的问题必须要进行的一些日常管理工作以外，暂不要再钻新井或转新火井。

③ 有关试验的一些工作。

a. 试验的选址和规模。在本块北边中部高部位，基本沿构造等高线选布5口L_6油层组的注气井，井距大约100m。在对应的下倾方向100m左右，选布10口生产井，井距大约50m，作为试验井区。

b. 试验前的准备工作和射孔点火作业。对选作注气井的老井，对全部已射孔段挤水泥封堵；选作生产井的老井将L_6层上半部和L_5层的已射孔全部挤水泥封堵。在试验区内及与试验区一个井距内的区域内，对所有报废井都要严格进行挤水泥封堵。

射孔：火井射开L_6层上部1/2，每米射4孔；生产井新井射开L6层下部1/2，射孔段上半部每米射5孔，下部每米射10孔。

点火：先高速注入500m³高干度蒸汽，再电加热或直接电加热到400℃以上。

投注投产顺序：5口火井先间隔点火3口注气；另外两口同时投产强排。当两口强排井发生热突破后，即火烧前沿已推到强排井时，再把它们转为注气井，并同时投产第一排生产井。

从投注到强排井热突破期间火井的注气速度：从点火到强排井热突破，初期注气速度4000m³/d，随后要随前沿的推进应有所增加，两边火井的增长速度为2000m³/mon，中间火井的增长速度为4000m³/mon。

强排井转注后各井的注气速度要在2~3个月内逐渐提到线性注气的正常速度。这一正常注气速度的设计条件是以前沿推进速度8cm/d、50%波及率、燃烧每立方米油层需300m³空气来计算。

动态预测：预测在设计注气速度下的产量、空气油比、开发年限等，以用于衡量火驱动态是否正常。动态预测可以是经验的，理论的或数模的等等。

在距火井 20～60m 内选 2～3 口观察井。

动态监测内容及资料录取：原则是少而精，只录取技术可行、动态分析必需的，录取频率也要适当。

（2）高3块。

高3块目前是 L_6 层大面积井组式井网火驱开发。这种井网对火驱不太适用并已为火驱实践所证实。这次调整应逐步把它改为线性火驱，正如大家讨论所建议的，应在两个高点拉火线，其做法是：

先在东边火井排内找 3 口井，加大注气速度（每月加 3000m³），观察是否能转为高温燃烧。如能转，今后对已点火井只加大注气速度即可，如不能转，还需再点火。做此试验后再转线性驱工作：

① 在东北端高点形成贯通南北的火线，并尽量形成井距约 105m 的一个完整的火井排；在火井排的两边各约 100m 处，构成约 50m 井距的第一排生产井；对火井射开 L_6 层上部的 1/2（新井最好采用限流射孔），对生产井射开 L_6 层下部的 1/2，对火井和生产井的其他已射开层段进行封堵，以防窜流；对点火时间不长（如一年以内），没有形成高温燃烧的火井，必要时可重新电加热点火；提高火井注气速度，以两个火前沿，前沿推进速度 6cm/d、波及效率 50% 的条件设计确定，把距火井排两边各 200m 内的其他火井关掉，以免干扰试验。最后对火驱动态做出预测；有关观察井及监测内容同高 3618 块。

② 高3块其他部分，在试验火线驱取得结果之前，不要做任何调整，暂时也不再打新井或转注新井。

（3）高 246 块。

对该区块，暂时不做任何调整，也不要再转注或其他改变开发的措施，以维持现状为宜。待 3618 块或（和）高 3 块的试验有了结果后，再根据试验结果做开发部署。

高升油田合作区开发调整研讨会会议纪要

在高升油田现场于 2015 年 5 月初召开了"高升油田合作区火驱项目工作会"后，为了进一步促进高升合作区火驱项目的调整，于 5 月 25 日又在联合能源集团有限公司北京研究院召开了"高升油田合作区开发调整研讨会"。会议由孟慕尧主持，参加人有宋宇、魏顶民、张正卿、岳清山、李秀峦、关文龙、宁奎、金兆勋、江琴、宫宇宁等，下面是会议纪要：

2015年5月25日上午9:00，联合能源集团有限公司召开了高升油田合作区火驱项目调整研讨会。项目现场负责人就合作区开发历程、开采现状做了汇报。特聘专家岳清山分析了开发形势，介绍了世界火驱已取得的经验教训，以及火驱方案设计和实施中存在的重大问题。专家们就方案调整进行了讨论，提出了调整意见。具体事项如下：

（1）现场团队要围绕完成2015年产量任务做细致认真研究工作，采取一些切实可行的办法，争取完成产量目标。

（2）火驱是该区块可行的开发方式，但鉴于目前火驱开发中存在低温燃烧、气窜、地层压力低、层系动用状况不清，及掺稀举升等问题，必须改进火驱现状。

（3）优选适宜区块，开展线性火驱辅助重力泄油试验，实现真正意义的火驱。

（4）要抓紧研究新的抽油机和举升工艺，尽快取缔环空掺稀方式。

（5）由岳清山专家从技术上提出试验井组的设计纲要，现场团队完成区块火驱试验的设计，根据研究结果，确定下一步实施计划。

（6）各区块调整的具体建议如下：

① 高3618块。在靠近北边断层中部的L_6层，沿等高线选布5口注气井，井距大约100m，在对应的下倾方向100m左右，选布10口生产井，井距大约50m，组成试验区进行火驱试验（设计另文）。

停止下排火井的注入，其他暂不做调整，也不再转注和打新井。

② 高3块。先加大注气速度，看已点火井是否能转为高温燃烧，有了结果后再决定如何转线性驱。在东边高点处构成南北贯通的火线，井距平均100m左右（最大不超过130m），在火井排两侧100m距离处，构成50m井距的两排生产井，组成试验井区（设计另文）。

其他区域照原生产安排进行，暂不做任何调整，待试验有了肯定结果后再做调整，也不再转注和打新井。

③ 高246块。暂不做任何调整，也不要再转注和打新井。

两次回电

2015年5月25日研讨会后，高升合作区现场老总把安排的要点先后两次电告联合能源集团有限公司办公室。我对他们的安排提出了自己的意见，并给予了回电,下面是两次回电的内容。

1.6月17日的回电：

金总，你好！

2015年6月15日传来的高3块线性火驱井位图和高3618块L_6砂层组火驱井网图收到（图6和图7），看后有以下几点意见：

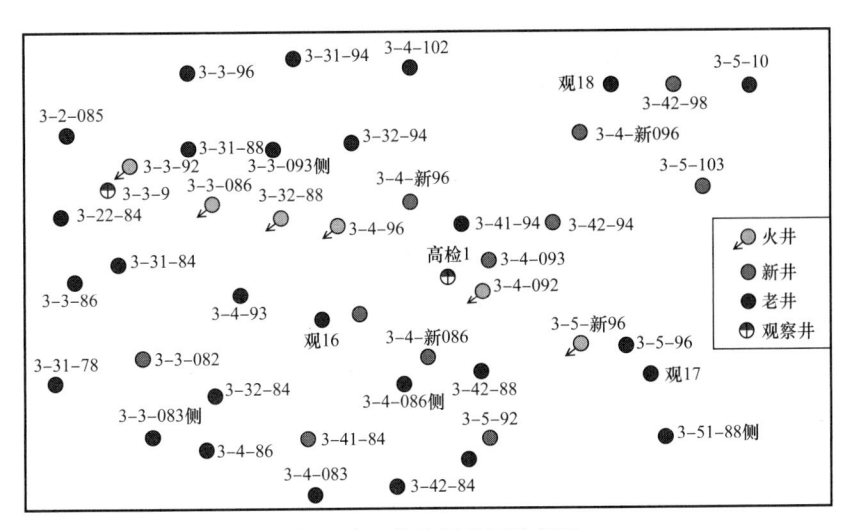

图6 高3块火驱井网示意图

（注：火线井3-3-92井、3-3-086井、3-32-88井、3-4-96井、3-4-092井、3-5-新96井）

1）对高3块线性火驱井网的一点意见

（1）高3块线性火驱井网不够完善，给出的三口火井为3-4-96井、3-4-092井和3-5-新96井。3-4-96井与3-4-092井两火井的距离，大约为火井与生产井距的2倍，两井之间会形成很大的死油区；与火井相比，对应的生产井更不完善，如3-5-新96火井两侧都没有对应的生产井。3-32-94井与3-42-94井之间没有生产井。这样不完善的井网不可能形成规则的前沿。另外，现有太少的一线生产井不可能适应提高注气速度后的高产气量。

（2）为了尽快了解提高注气速度后是否能转入高温燃烧，以及提高注气速度后生产井的适应能力。提速试验时，最好注气井周围生产井要多，且距注气井有远有近，以便多方观察效果。因此两边3-3-92井、3-3-086井和3-4-96井作为火井比东边的作为火井更符合这一要求，请考虑。

（3）尽快设计并实施三口井的提速试验，其他暂时不动。

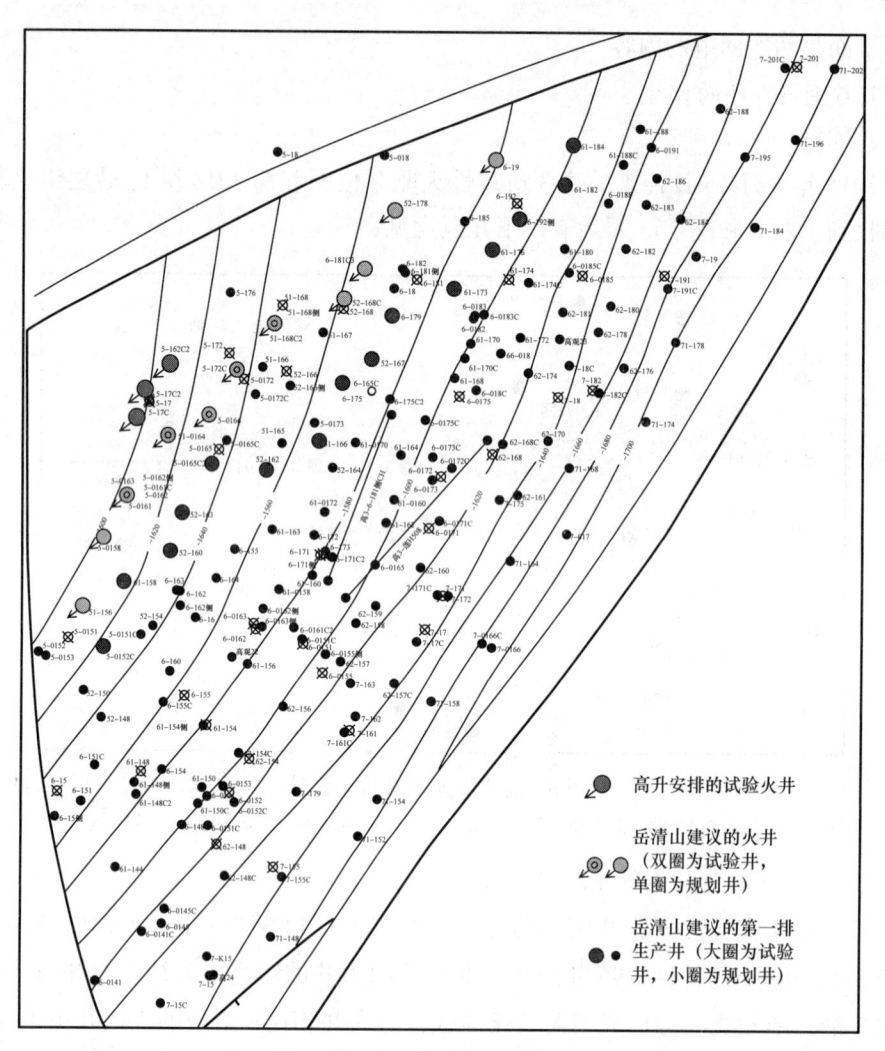

图 7　高 3618 块火驱井网示意图

2) 对高 3618 块火驱井网的一点意见

(1) 从安排的三口火井看,它们集中在该块边部的一点。既不能形成完整的火线,也不能及时取得试验效果。

(2) 火驱井网一是要线性井网的,二是要从构造高部位向构造低部位驱动,三是火井排上倾方向不能再布生产井,这样才能形成单向向下的驱动。这样驱动一方面便于调整火前沿的推进,另一方面充分利用重力泄油,防止气窜,提高开发效果。

我对火驱井网的布局建议如下:

以以下井为基础组成火井井排：51156 井—50158 井—50161C 井—50164 井—5172C 井—51168C2 井—52168C 井—6181C3 井—52178 井—619 井。

以以下井为基础组成第一排生产井：50152C 井—51158 井—52160 井—52163 井—50166C2 井—52162 井—51165 井—50173 井—52167 井—6179 井—61173 井—61176 井—6192C 井—61182 井—61184 井。

注意：这里说"以以下井为基础"，是考虑如果这些井中某井有问题，可在附近找替代井，或钻替代井，对连线上不完善的地方也可适当打少量新井，以完善井网为原则。

在火井排和生产井排之间的井，根据需要选做观察井或生产井。

初步考虑共分 4 排生产井，每排生产 4 年，2026 年完成 L_6 层的火驱。

（3）火驱试验火井可选：50158 井—50161C 井—50164 井—50166 井—5172C 井—51168C2 井；一线生产井可选：52160 井—50165C2 井—52162 井—61166 井—52167 井—6179 井。52163 井与 52162 井、50173 井与 52162 井之间各钻一口新井。

注意：尽快设计并实施火驱试验，其他只是规划设想，暂不要动，待试验有了结果后再逐步设计试验。

此致

岳清山

2015.6.17

2. 7 月 13 日的回电

金总，宁总：

7 月 8 日传来的对 6 月 17 日岳清山对高 3618 块 L_6 砂岩组第一排规划火井的修改意见（图 8）及下半年和明年安排已收到，看后我们有以下意见，请考虑：

1）对 L_6 的一些意见

（1）关于 L_6 砂岩组第一排火井的调整意见很好，受你们调换意见的启示，我对第一排火井又有以下意见，把第一排火井修改为：52150 井—51156 井—50158 井—50163C 井—517C2 井—5172C 井—51168C2 井—52168C 井—6181C3 井—52178 井。这样使第一排火井既均匀完整又跨等高线少。今年下半年可先投产 52150 井—51156 井—50158 井—50163C 井和 517C2 井为试验，明年再投产 5172C 井—51168C2 井—52168C 井—6181C3 井—52178 井。在设计上，可使南部火井的前沿推进快些，如每天推进 10cm，北部推进慢些，如每天 5cm，使火线前沿逐渐处于同一条等高线上。

（2）对 L_6 规划火线上的火井，是否有因井况问题需要调整大修或更换的，请细查一遍，以便早做安排。对一线生产井也要规划出来，注意要有足够的一线井，使提高注气速度后，油井能正常生产。另外，生产井安排位置距火井位置不要太近，也不要太远，最近要 60m 以上，最远不可大于 130m。缺少生产井的位置要安排打新井。

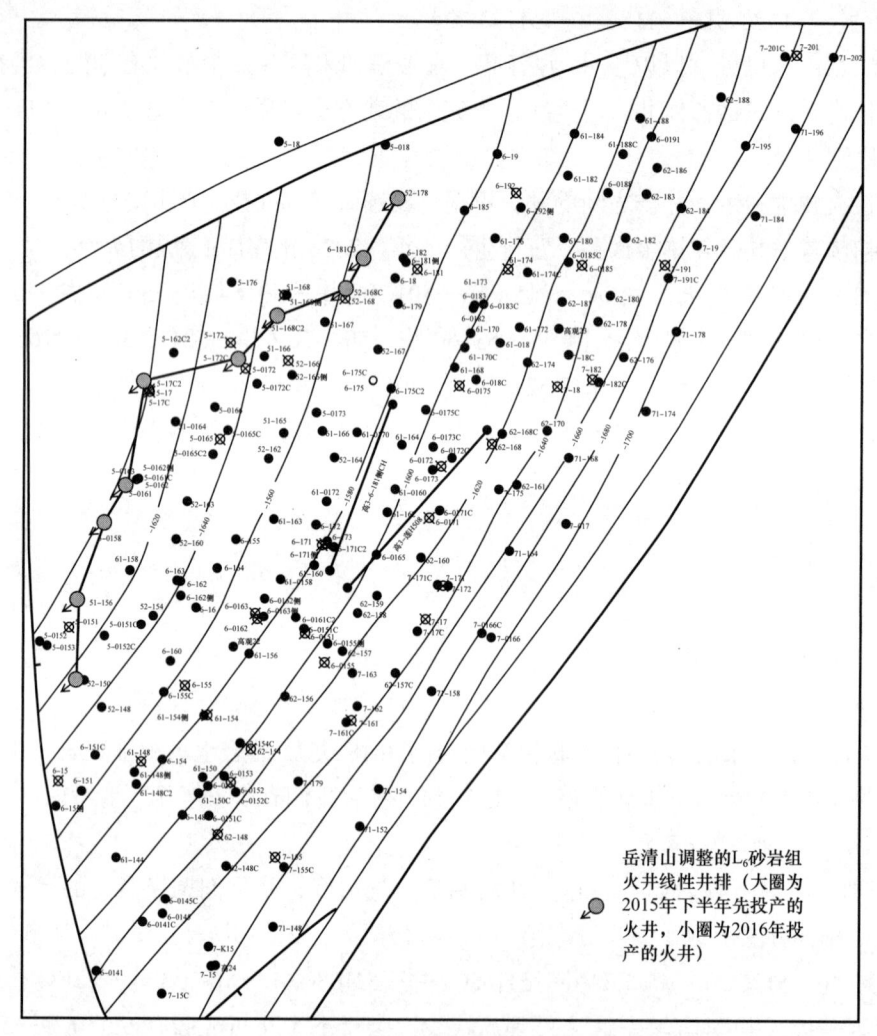

图 8　高 3618 块 L6 砂岩组第一排火井调整图

（3）对 L_6 层腰部的火井排及分散于油藏中的一些零散火井（如 6179 井，6185 井……），已注气的要停止注气，还没转注的要停止转注，以便为 L_6 留下较为完整的整体线性火驱。

2）对 L_5 的一些意见

L_5 层的开发暂时维持现状，因为 L_5 层的火驱有违火驱经验的地方太多，下步都要逐步调整为符合火驱情况。现下措施越少，下步调整越容易。

L_5 层违反火驱经验的主要有以下几个方面：

（1）L_5 砂层组没有有效的隔层，分层系后下返式开发，这样不但使 L_5 下部无法开发，而且在开发了上层系后所有井都被报废，待开发下层系时全部需要打新井。这是绝对不可取的做法。

（2）L_5 层是在油藏腰部安排的火井排，这样不但不符合火驱的单向驱和向下倾方向驱的基本原则，而且还要在同一位置安排 L_6 层的火驱，其安排是 L_5 层和 L_6 层分井注气，而生产井共用一套井合采。我们知道，两层的突破时间会不同，无法充分开采两层系的油。另外，根据过去的经验，如果将注气速度提高到正常速度（如 $6×10^4 m^3/d$），一层注气时，油井都不能正常生产，如何能承受两层的生产？所以从油层波及和油井生产考虑，这种安排都是不可取的，千万不能这样安排。

（3）如果用现有井开发 L_6 和 L_5 两层系，那么 L_5 层的投产要等到 L_6 投产 8 年，L_6 的火井移到第二排生产井，且第一排火井和第一排生产井上返后。如果这样安排，高 3618 块的总开发时间大约为 24 年。如果想缩短开发时间，L_5 尽量早投产，则 L_5 的开发需要另打一套新井，这样可将 L_5 层的投产提前到 L_6 层投产 1~2 年后，这样高 3618 块的总开发时间可缩短到 18 年，以在合同期内完成整个开发。

以上安排才是可行的、合理的，既能使两层的开发完整的向下线性火驱，又使两层的用井互不干扰。

（4）关于 5 口试验井的供气问题，金总和宁总都提到过今年有困难，我想问题不会太大，L_6 层现有火井停注省下来的气足够这 5 口井用气。

此致

魏顶民　岳清山
2015 年 7 月 13 日

在"高升火驱试验进展情况汇报"会上的发言
（2015 年 10 月 12 日）

经两次来电、回电修正后，高升油田现场组来北京汇报最后的调整结构和进展情况。听汇报后，我在会上又做了发言。其内容如下：

（1）总的看法。听了"高升火驱开发试验进展情况汇报"（以下简称"汇报"）后的总体看法是：

汇报所谈的基本原则是正确的，但具体布置实施中仍继承了许多过去的错误做法。另外，对如何保证为高温燃烧的火驱，如何提高纵向波及，如何确保火前沿为线性均匀推进没有提出任何措施。如按该汇报进行下去，高升的火驱不会有真正的起色。

（2）从高部位向下倾部位的线性火驱中已没有井组存在，而是以火井排为基础的排状井网。因此分析考虑问题都要以井排开发为出发点。为此，必须首先构成火井排和生产井排，对远离井排的井，即不能作为火井，也不能作为生产井的，要彻底封掉或作为观察井。对于井排上缺井的位置，应打井的必须打新井，以构成完整的井排。正如汇报中所看到的，L_5 砂体 2 口火井，有 21 口一线生产井（文中没有说明哪 21 口），不可能有什么井排可言。

（3）在一套井网条件下，必须严格按上返式开发原则从下而上逐层系开发，决不可先开发上层系，更不能两个层系同时开发。关于这些问题，前面我已多处讲过，这里不再重述。但请你们一定要取消这种安排，按火驱特点做出重新安排。

（4）关于 2015 年 7 月 13 日发给你们的第一排火井的安排，看起来跨等高线太多，实际这只是第一排最后的安排结果。实际安排是第一批先投入 5250 井、51156 井、50158 井、50163C 井和 517C2 井，并且根据各井在等高线的位置及井的控制面积安排注气量，使火前沿逐渐推进到同一等高线，然后待火前沿推进到其余各火井所在等高线位置时再逐渐投入后 5 口火井。

第一批火井最好要集中投注，切不可隔较长时间一口一口投注，这种投入法只能形成多个火点而不可能形成火线。正如由汇报所看到的，L_5 砂层 20161C 井投注不到一年气就窜到大约 300m 远的 6-164 井，可见这种投注不可能形成线性火驱。

（5）火驱前的主要准备工作。

① 用现有井构成火驱行列井网。现有井网基本为 105m 井距的面积井网，用现有井只能构成行距约 105m、行内井距 105m 的行列井网。因为原井网很不规则，行距和井距只能是平均水平的。原则上是行距不超过 130m，行内井距为 90~115m。具体构成井网的做法是：首先确定第一排火井（如我们前期共同确定的第一批 5 口火井），然后再确定第一排生产井，如从北向南依次将 5-172C 井、5-0166 井、5-0165C2 井、52-163 井、52-160 井、6-162 侧井、6-160 井、6-155C 井和 6-151C 井划入第一排生产井。第二排生产井从北向南依次为 52-168 侧井、

51-167井、52-166C井、51-165井、52-162井、S1井（新井）、6-164井、S2井（新井）和6-155C井。（这里只是初步示意，不是实际定下的井）。

以下还可以组成第三排和第四排生产井，这里就不一一列出了。在火井排与第一排生产井、第一排生产井与第二排生产井之间没有划入井排的井，可以封堵处理，也可选为观察井。

② 对已确定为行列井网的井，检查是否可直接应用，或者大修后能用；对行列中井距太大的，可适当打补充井，以形成合乎需要的井网。

③ 对所确定使用的生产井进行封堵。封堵层段为 L_5 和 L_6 层上半部，这一步是必须的。原因：一是，现有井都已射开全部油层，而且已吞吐生产多年，绝大部分已有不同程度的管外窜槽；二是扩大纵向波及的需要。因为火驱前沿有向上超覆现象，如果不封堵 L_6 上半部，其火驱将只波及 L_6 层的顶部并很快突入生产井（图9）。高3618块 L_5 层的6-0161C井才注气半年，距其200多米的6-164井就发生气突破，正是这种情况下波及差的证据。封堵上半部，迫使火驱从油层下部向上超覆的同时，又要向下驱，以从生产井下部产出。实践已证明在只射开油层下部的情况下，即使火前沿在生产井突破后，波及的范围仍在逐渐向下扩展，而全部射开的突破后波及很少再有扩展。

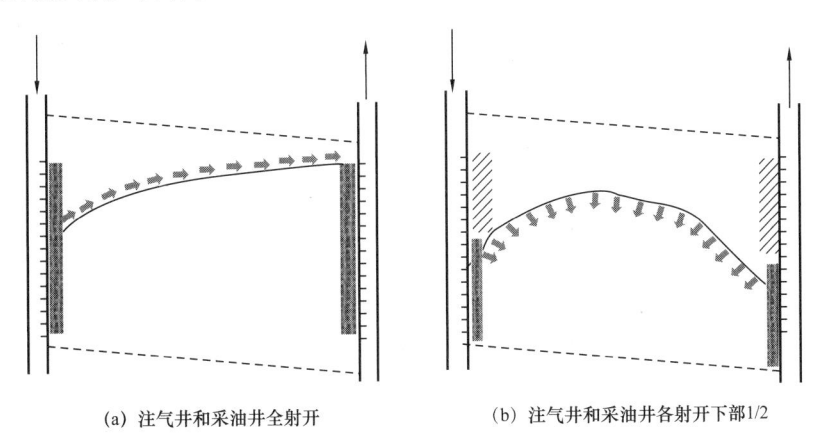

(a) 注气井和采油井全射开　　(b) 注气井和采油井各射开下部1/2

图9　不同射孔段波及情况示意图

（6）点火、拉火线。

① 点火。高升油藏的火驱已经进行了七八年，但无论是火井还是生产井，都没有监测到真正高温燃烧的高温（400~600℃）。监测温度都在200℃以下，说明高升油田的火驱没有实现高温火驱。我们知道，对稠油来说，必须高温火驱才能取

169

得好的效果，否则会造成火驱的失败。为了新的火驱成功，必须改进点火方式，使点火井的井底温度达到400℃以上，以使其直接进入高温燃烧。

② 拉火线。在线性火驱中，拉火线是保证火驱前沿像一条线一样齐头并进的重要一步。为了拉好火线，既要安排好火井排中火井的点火顺序，又要安排好一线生产井的投产时机；此外，还要安排好各火井和生产井正常火驱中的配产配注量。

火井排井的投产顺序是相间点火与强排，如第一批5口火井，先点5-17C2井、5-0158井和52-150井三口井，而5-0163C井和51-166井在上述3口井点火的同时开井强排，待火突破这些井后再将它们转为注气井，完成拉火线。此时第一排和第二排生产井才能投产。

（7）火井和生产井的配产和配注。待火井都转注并第一线和第二线生产井投产后，再按照配产配注开始火驱开发。各井的配注量要根据火井到第一排对应生产井之间断面面积大小来配，总体上使火前沿能同时达到第一排生产井。各生产井的配产量要与对应火井的配注量成比例。整个火驱过程中的调整核心就是确保前沿齐头并进。对前沿突进快的点，火井和生产井都要适当加以控制，对推进相对慢的对应点的火井和生产井，要适当加强注入和排出。

（8）火驱中的检测分析与调整。这是非常繁杂又需细致的工作，任何开发方案实施中都会出现这样那样的问题，只有在实施中不断检测、分析、发现问题，然后进行适当调整才能取得好的开发效果。这方面的工作是全方位的，长时间的，待进行中我们再详细制订各方面的工作规程。

（9）火驱开发是一个系统工程，既要有总体规划，又要使每个环节上下衔接，既要总体决策正确，又要每个环节符合火驱理论和经验规律，只有这样才能取得好的开发效果。任何一环的失误都可能造成全局的失败，切不可有丝毫大意。

（10）建议高升油田现场熟悉油藏和火驱操作的人员（3~4人）来北京，由北京方面相关组织我国火驱专家2~3人，再由相关领导参加，开两天会，专门对火驱试验方案进行讨论，明确方案及每步做法。

杂　　谈

（2015年）

本文是我在中国石油勘探开发研究院热力采油所的一次讲话稿，内容比较杂，一直想不出个贴切的题目，来前突然想起，叫杂谈比较合适，那今天讲的题目就叫"杂谈"吧。今天讲的虽然较杂，但主要涉及两方面的问题，即有关油藏描述和稠油开发的一些问题，下面我分别谈与此有关的一些问题。

油藏描述在油藏开发中的重要性

油藏描述，即油藏基本特征的描述，是油藏开发方式选择、开发效果预测以及开发方案设计的基础。只有切实符合油藏实际的油藏描述，才能有正确的开发方式选择、准确的开发效果预测及做出符合油藏实际并能取得好的开发效果的开发方案。

正确判断油藏描述是否符合油藏实际并做出正确修正应具备的素质

鉴于油藏描述在油藏开发中的重要性，我们油藏开发工作者在研究一个油藏的开发时，首先要判断所给油藏的描述是否基本符合油藏实际。如果不符，就要做出修改。但要做出正确判断和正确修改，不是一件容易的事。做这一工作的人，必须具备以下素质：

1. 能熟记油藏工程的主要理论和经验

油藏开发实践已有百年历史，已积累了大量理论和经验。我们只有熟记并掌握这些理论和经验，才能具有正确判断油藏描述是否存在问题并对存在的问题做出正确修改。但是，我们知道，有关资料量是巨大的，我们不可能全部阅读。另外，有些也是鱼目混珠的，读它们也会引起初读者的思想混乱。因此我建议大家首先阅读一些大家公认的经典著作，以使正确的东西在我们的脑海中牢牢扎根。根据我的经验，对油藏开发者来说，应熟读以下著作：秦同洛等著《实用油藏工程方法》，徐怀大等译《现代油藏工程》，张朝琛等译《注水工程方法》，岳清山等译《实用油藏工程》《蒸汽驱油藏管理》《火驱采油方法的应用》，沈平平等译《油藏工程手册》，王弥康等译《热力采油》《火烧油层》，辽河油田译《热力采油手册》，金友煌等译《石油开采系统》，童宪章著《压力恢复曲线在油气田开发中的应用》《油井产状和油藏动态分析》。

这些经典著作错误很少，可放心地吸收并熟读，把其中的一些重要理论与经验牢记在心。例如：什么样的油藏适合什么样的开发方式；在一个具体的油藏条件下，各种开发方式的采收率应该多少；各种油藏条件（如构造形态、油层润湿性、油藏埋深、油层物性、非均质性、原油性质等），对各种开发方式的影响程度，以及操作条件（井网密度、井的完善程度、层系划分、压力保持水平及注采速度等）对各种开发方式的开发效果的影响等，都要做到心中有数。

要牢记一些基本规律和关系。如《注水工程方法》一书中的油水流度比与渗透率变异系数的图版。从这一图版，你只要知道了某油藏的油水流度比和它的油层渗透率变异系数，你就能对水驱动态做出比较精确的预测。如当生产水油比分别为1，5，20和40时的水驱采出程度和水驱波及情况。又如在C.R.史密斯著的《实用油藏工程》中，对油藏原始含油饱和度和水驱残余油饱和度有这样的叙述："据世界油藏开发统计，一般稠油油藏，其原始含油饱和度平均为85%，水驱残余油饱和度平均25%；一般稀油油藏，其原始含油饱和度平均为75%，水驱残余油饱和度平均15%"。由此我们可以得出，稠油油藏（多为亲油性）的水驱油效率平均70%，稀油油藏（多为亲水性）平均80%，总平均约为75%。又如，蒸汽驱的实践经验告诉我们，蒸汽驱的残余油饱和度平均为10%左右（一般在5%~15%），以稠油油藏原始含油饱和度85%计算，那么蒸汽的驱油效率为90%。如新疆九4区蒸汽驱已近20年，距一口注汽井不到10m处钻了一口新井，岩心含油饱和度分析结果是最低含油饱和度仍为30%，有的段仍在原始饱和度附近。这一结果表明，尽管该注汽井已注汽近20年，但距该井10m处还没有受到蒸汽驱。即是说，至少95%的油藏体积还没有真正实现蒸汽驱，所谓的汽驱，实际为热水驱。

再如，水驱油的油水相对渗透率曲线特征，水湿油藏曲线交点落在50%饱和度点的右边，水湿性越强，离50%饱和度点越远，水的端点值一般为0.1~0.2，残余油饱和度为15%左右；油湿性油藏，曲线交点落在50%饱和度点的左边，同样是油湿性越强，离50%饱和度点越远，水的端点值一般为0.2~0.4，残余油饱和度为25%左右。这些规律对我们判断实验所取得的油水相对渗透率是否正确，历史拟合中油水相对渗透率的修改方向大有帮助。如果处理得好，历史拟合变得非常容易。在我的工作中，几乎在每个研究油藏的历史拟合中，对相对渗透率曲线都是根据这些特征做了一些修改，都得到了很好的历史拟合，从而也做出了下步开发效果的正确预测。

关于油水相对渗透率，我有一次很有趣的经历。在20世纪末，中国石油天然气总公司科技局派出以我为组长的"胜利油田重点实验室验收小组"。经检查，胜利油田的实验工作大都做得很好，特别是疏松岩心分析很有特色。但其相对渗透率曲线形状与其水湿油层不符，水的端点值都在0.3以上，残余油饱和度都在25%以上，一般为30%左右，有的甚至达40%。经了解得知，因完整的相对渗透率曲线一天很难做完，为了一天完成一个试验，他们在进行到一定程度后停止驱替，然后用拟合过去相对渗透率数据的经验外推给出曲线的后段。并且对我保证这种外推不会有问题。我说："今天我来负责验收，我说了算，明天你们按标准做一条完整的相对渗透率曲线给我看看"。实验结果证实了我的预测，水的端点值低于了0.2，残余油也低于了25%，成了水湿特征曲线了。所以对不符合一般规律的特征，必须认真查对。

再有，还要牢记一些经验公式、图表及一些操作和设计经验。如水驱采收率与油水黏度比的关系：黏度比为1时采收率平均60%左右，黏度比为10时采收率平均为40%左右，黏度比为100时采收率平均为20%左右；再如一些水驱采收率预测公式、蒸汽驱采收率油藏参数预测公式、成功蒸汽驱操作四原则及成功蒸汽驱设计方法，等等，也都是很有用的工具。

油藏开发的百年实践，积累了大量油藏工程理论、经验参数及经验关系和图表，我们不能一一列举，这里就举这些。同志们一定要不断积累并牢记在心，只有这样，我们才能打下正确判断油藏特征描述及开发动态的基础，不会被一些错误信息所干扰。

2. 对所给油藏的描述和实验数据的正确性要能做出判断

油藏描述和实验数据有时不够真实，其原因是多方面的，有客观的，也有主观的。稠油油藏多为疏松油层，原油黏度大，很难取得真实资料；稠油测试开展又比较晚，测试技术、资料录取有许多还不够规范，所以差错资料也就更多。这一方面我遇到很多。除前面已谈到的胜利油田的油水相对渗透率的问题，这里我再举几个例子。

【例1】 辽河油区齐40块、高升油田的孔隙度和原始含油饱和度的问题。辽河油田齐40块、高升油田较早的油藏描述中，所给的孔隙度分别为22%和20%，原始含油饱和度分别为65%和60%。我们知道，这两个油藏都是疏松砂岩稠油油藏。根据开发经验，疏松砂岩的孔隙度绝不会如此之低，疏松砂岩稠油油藏的原始含油饱和度也不会如此之低。为了弄清这些油田孔隙度和原始含油饱和度的情况，我们查阅了这些油田的原始资料，发现：孔隙度值是根据电测数据给定的。事实上，齐40和高升油田的岩心分析结果，孔隙度都在25%以上。我们知道，对于疏松砂岩，一般很难取得分析岩柱，只有那些有一定胶结的较致密的层段才能取得分析数据。因此其结果会有些偏低，估计其真实平均值应为25%~30%。

它们的原始含油饱和度是用所谓的经验给定的。事实上，查阅原始资料发现，高升有一口井岩心分析的原始含水饱和度只有10%左右，那么高升油田的原始含油饱和度应在90%左右。其实，实验室试验经验也告诉我们，如果一个疏松砂岩稠油岩心中含有40%的水，无论是衰竭式开发还是气驱或水驱，初期都会只产水或只含少量油，而齐40和高升的开发都没发生这一情况，它们衰竭式开采时只产纯油。这些事实说明，所给原始含油饱和度是错误的。

【例2】 辽河锦91块稠油油田于Ⅰ油组开发中油藏压力和高部位油井的产水问题。

2006年，受辽河油田锦州采油厂委托，做锦91块于Ⅰ油组的开发方式选择和所选开发方式的优化研究。在做开发历史拟合中发现，有些动态很难拟合，主要是：（1）油藏压力的变化无法合理拟合；（2）油藏中高部位几口井异常产水无法合理拟合。采油厂给我们的历年油藏压力是每年测压井点的平均值，压力变化曲线随时间呈锯齿形变化；中高部位产水井的水，他们认定是断层窜来的。我们认为一般情况下随着油藏的开发，油藏压力变化是有一定趋势的，不会像所提供的不断反复升降的锯齿形曲线；另外，辽河油区的断层很少有窜通，所以所给信息有一定的可疑性。

为了弄清这些问题，我们调来了锦91块于Ⅰ油组的所有测压资料，并把所有测压数据点点在压力井—时间坐标图上。结果使我们大吃一惊：压力点几乎布满整个坐标域。开发初期虽大部近原始压力9.8MPa，但有几口井的压力已降到2~3MPa，开发十五六年后，虽然许多井的压力在2~3MPa，但仍有多井压力接近原始值，使人不可理解。

显然，这些异常压力不会是测试仪器或测压方法引起的，而可能是测压时井的不同状态造成的。为此，我们把较高压力点（压力大于8MPa）和较低压力点（压力低于4MPa）分成两组。结果较高压力点都是新井投产前的测压，而较低压力点都是吞吐生产井生产期末的测压。我们知道，稠油压力传导性差，新井投产前井底完井液的高压还没有完全泄掉，所以测得压力较高；而吞吐生产到生产期末，井底亏空大、压力低，所以这些井这时的测压都比较低。这些测压值并不能反映油藏的真实压力情况。用这些测压数据求得的历年平均地层压力，如果某年投产的新井多，其平均值就高；而投产的新井少、吞吐井多时，其平均值就低。所以，平均值曲线呈锯齿形。

由于吞吐生产井井底压力的周期变化，加之稠油油藏压力传导性差的特性，对蒸汽吞吐生产的稠油油藏，一般不用生产井进行地层压力测试，而是布置一定数量的压力观察井。那么，锦91块于Ⅰ油组布没布观察井呢？我们又进行了一番调查。结果发现有3口观察井，不过测压很少，只有4次，而且都集中在1995年5月，它们的压力值都在5.5MPa附近。经过这一番工作，我们才得到了几个比较真实的地层压力数据。

为了分析中高部位油井早期产水情况，我们将中高部位早期产水井标在井位图上。从这些产水异常井的分布看，它们的产水不可能来自南边的边水，因为比它们更靠近边水的井，产水量还都是正常的。也不可能来自北面的断层，因为这些井既不集中于北边断层附近，也不是断层附近的所有井都是异常产水井，有些更靠近断层的井反而是正常产水井。

既然这些异常井的产水既不是来自边水，也不是来自断层，那么这些异常井的产水来自何方呢？为了找到合理解释，我们查找了这些井的井史。结果发现这8口产水异常的井中，有5口是源于Ⅱ油组的生产井，生产到高产水后上返到于Ⅰ油组的，这些井上返后就高产水。另外3口井虽然一直生产于Ⅰ油组，但钻穿了于Ⅱ油组，而且基本是处于Ⅱ油组的油水过渡带上。它们吞吐初期都是正常井，生产了几个周期后，才变为高产水井的，这可能是套外发生窜槽引起的。而产水正常的井都是为开发于Ⅰ油组专门打的井，且没有钻穿于Ⅱ油组。这一事实充分说明了这些异常产水井的水是来自于Ⅱ油组。

通过这些分析研究，修正了对油藏的认识，历史拟合成了很容易的事。

【例3】 新疆九4区油藏厚度的问题。

2008年受新疆油田新港公司委托，做九4区齐古组油藏重新蒸汽驱试验的方案设计工作。公司所给的油藏描述是：齐古组$J_3q_2^2$油层厚度平均为15m，净总厚度比0.5，孔隙度29%，原始含油饱和度73%，原始储量1083×10⁴t。1988年投产到2006年底，经历了蒸汽吞吐和蒸汽驱，共注汽1698×10⁴t，共产油379×10⁴t，累计油汽比0.22，采出程度35%。汽驱范围内的采出程度40%左右。

根据九4区的汽驱注汽统计，汽驱区域的注汽速率只有0.34t/（d·ha·m）（纯油层），还不到成功汽驱注汽速率的15%；单井注汽速度只有16.2t/d，经热损失计算，即使锅炉出口蒸汽干度75%，井底也没有干度。生产特征（油井产量低，只有1~2t/d，生产含水很高，达90%以上）也表明，实际不是蒸汽驱而是热水驱。热水驱就不可能有40%的采出程度，那么可能所给的储量大大偏低。看油藏描述，计算油藏储量的主要参数，孔隙度和原始含油饱和度基本合理，那么最大可能是油层厚度偏低。经研究九4区油层厚度不是15m，而至少23m，为原始厚度的1.5倍。

证据如下：

（1）在油藏描述的岩性和物性一节中有这样一段叙述："九4区共钻了5口取心井，取心进尺318m，取心长度270m，收获率85%。所取岩心中有142m为含油以上级别的岩心。"据此分析，即使不考虑漏取岩心中有含油级别以上岩心，每口井平均油层厚度也有28m。尽管5口井不能完全代表九4区的平均油层厚度，像九4区这样一个小区（面积3.8km²），5口井也应该具有较高代表性了。考虑到靠近边水地带或边界处，油层会有些变薄这些因素，九4区的油层厚度至少也应有二十二三米。

（2）在储层隔夹层特征的描述资料中，有这样一段话："九4区主力油层$J_3q_2^2$油层组内各小层间及小层内部隔夹层不够发育，基本没有稳定的隔夹层。$J_3q_2^2$油层组的沉积厚度33.5m，砂砾岩厚度27m。"根据这一资料，九4区油层厚度也应在20m以上。

（3）汽驱试验准备阶段，试验井组内打了3口取心井，根据岩心饱和度分析资料，井组内剩余油平均饱和度仍有53%。由油层含油饱和度73%计算，试验井组的采出程度只有27%，而不是40%。那么据此计算，油层厚度应在23m左右。

3. 要具有一定的综合分析能力

牢记一些重要的油藏工程理论和经验，只是做好了油藏开发工作的基础，要真正做好油藏开发工作，还必须具有一定的综合分析能力。我们油藏工程师就像中医师一样，每个中医师可能都看了像《本草纲目》《黄帝内经》等经典著作，而且能背上上百个甚至上千个经典药方。但是能针对病人的具体情况，综合分析出病人的病根，对症下药，药到病除的有几个？同样，我们搞油藏工程的人，每个人经过努力都能知道和记住很多油藏工程理论和经验，但针对具体油藏，又有几个人能经综合分析找到油藏开发中存在的问题，是油藏描述问题，还是操作问题，并在此基础上加以改正，设计或调整出好的开发方案。例如，大家都熟记了水驱油机理、蒸汽驱油机理，又知道对于一个 100mPa·s 的稠油油藏，水驱采收率只有 20% 左右，而蒸汽驱采收率可能能达到 60% 以上。那么有谁考虑过蒸汽驱为什么能比水驱这么大幅度提高采收率？蒸汽驱比水驱所以能大幅度提高采收率，其主要是因为蒸汽波及效率的大幅提高？还是蒸汽驱油效率的大幅提高？

我们知道，水驱 100mPa·s 稠油的采收率约 20%，水驱稠油的驱油效率约 70% 左右，那么水驱 100mPa·s 稠油的波及效率为 30%。蒸汽驱 100mPa·s 稠油的采收率为 60%，蒸汽驱的驱油效率约为 90%，那么蒸汽驱 100mPa·s 稠油的波及效率约近 70%。这样我们就可估计一下蒸汽驱波及效率与驱替效率对提高采收率的各自贡献了。如果蒸汽驱只提高水驱的驱油效率，那么蒸汽驱比水驱提高采收率只有 30%×（90% − 70%）= 6%；如果蒸汽驱只提高水驱的波及效率，那么蒸汽驱比水驱提高采收率 70%×（70% − 30%）= 28%。由这些计算可以看出，蒸汽驱比水驱大幅提高采收率的主要贡献者是蒸汽驱波及效率的扩大，而驱油效率提高的贡献相对很小。我们还可以再深入地考虑一下，蒸汽驱比水驱能提高驱油效率的主要原因是高温下油层润湿性变得更亲水，使残余油饱和度有所降低；蒸汽高温使油的体积膨胀，一定残余油饱和度下油量减少，以及蒸汽的蒸馏作用等。而蒸汽驱比水驱的波及效率高的主要原因是在蒸汽高温下油黏度的大幅降低，使驱替剂蒸汽与油的流度比大为降低。正如 K.C. 洪在他的《蒸汽驱油藏管理》一书第二章第二节中计算的结果所示，212~500℉ 蒸汽驱替 90℉ 的水时，其流度比为 0.04~0.10，而同温度范围的热水驱替 90℉ 的水时，其流度比为 2.8~6.0。这表明，蒸汽驱前沿基本为稳定前沿，而热水驱的前沿为非稳定前沿。如果你对蒸汽驱与水驱的问题不但记住它们的驱油机理、采收率等，而且经过以上这些综合分析、思考明白了这些道理，当你遇到这方面的问题时你就会马上反应出正确的估计和解决方法。

再如，对河南双河油田，根据他们在全国第一次提高采收率筛选大会上所提报告，聚合物驱提高采收率很少（1%~2%）。但油藏基本特征应是一个适合聚合物驱的油藏。经分析，我们发现之所以他们的数值模拟不提高采收率，是因为他们的油藏描述有多处不符合一般规律的矛盾之处：所给实验室的驱油效率为 54%，有点太低，水驱采收率预计为 48%，对于油水黏度比 20 多（地层油黏度 8mPa·s，地层水黏度 0.4mPa·s）的油藏来说又有些偏高。另外，油水黏度比 20 多，非均质又比较严重的这样一个油藏，其水驱波及效率也绝不会达到近 90%（据所给驱油效率和采收率计算）。矛盾这么多，问题出在哪里，这需要进行综合分析。我们首先到实验室了解其实验情况。经了解，我们得知，他们岩样饱和油不是饱和到束缚水状态，而是饱和到储量计算中所用的含油饱和度 65%。岩心并没有饱和好，岩心中还有可动水。此外，他们水驱也不够充分（只注入岩心孔隙体积的十倍到几十倍的水），并没有驱到残余油状态，剩余油饱和度还有 30% 左右。我们根据该油藏的毛管压力曲线、经验关系式以及类比估计，该油藏原始含油饱和度至少有 75%，如果驱替充分，估计残余油饱和度在 25% 以下，即使按这些保守的数值估计，该油藏的水驱油效率最低也要 67%，那么水驱采收率也不是 48%，而是 41%（含油饱和度增加使储量增加）。水驱波及效率也不是 90% 而是 60% 左右。经过这些修改，油藏特征（水的驱油效率、波及效率和采收率等）基本符合一般规律了。用修改后的油藏特征做聚合物驱预测，提高采收率 9.0%。后来的开发完全证实了这些判断和修改是正确的：聚合物驱前，在聚合物驱试验井组中心钻的取心井的岩心分析结果是：未水洗段的含油饱和度 76%（未水洗段一般应为低孔隙度、低渗透率层段，好油层的原始含油饱和度会更高些），在采出程度 26%（按修改后的储量计算）的情况下，水驱波及效率为 38%，符合取心井强水洗段占 30% 的结果。试验结果是水驱最终采收率 41%，聚合物驱比水驱提高采收率 10.2%。从这个例子可看出，只有具有一定的综合分析能力才能找到问题出在哪里，解决油藏描述与油藏开发动态之间的矛盾，从而做出正确的开发方式选择以及正确的开发方案。所以，作为一个油藏开发工作者，要做好油藏开发工作，必须努力培养和提高自己的综合分析能力。

油藏描述是否符合油藏实际，直接影响到开发方式选择和方案设计的正确性

关于油藏描述是否符合油藏实际对油藏开发方式的选择和开发方案设计的影响，这方面的例子很多，这里我也举几个例子。

【例 4】 河南油田双河 II_5 层的开发方式选择。

前面我们已提到河南油田双河 II_5 层油藏描述中的问题，按原油藏描述，该油藏聚合物驱预测只能比水驱提高采收率 1%～2%，即该油藏不适合聚合物驱。但是按我们修改后的描述，该油藏聚合物驱可提高采收率 8.9%，是一个很适合聚合物驱的油

藏。实施结果是聚合物驱比水驱提高采收率10.2%。这不但充分证明了修改后的油藏描述基本符合油藏实际，也充分证明了油藏描述的好坏对油藏开发方式选择的重要性。

【例5】 新疆油田凤城油藏开发方式的选择。

凤城油藏是一个超稠油油藏。21世纪初委托我们做开发方式选择时，所送油藏描述资料，隔夹层非常发育。当时无论如何不敢选SAGD开发，而只能退而选取了不太适合超稠油开发的蒸汽驱。但几年以后，再委托热采所做开发研究时，有了取心资料。热采所的同志们仔细地观察了岩心，发现，油层实际并不是像油藏描述中所描述的那样隔夹层非常发育，而是很不发育，基本没有稳定的隔夹层。选取了SAGD开发方式。结果SAGD试验非常成功。如果不是正确地认识了隔夹层的实际情况，凤城油藏很可能会失去高效的SAGD开发方式。

【例6】 油藏描述对九4区开发方案设计的影响。

前面我们已经谈了九4区油藏描述中油层厚度和净总厚度比存在的问题。在方案设计时尽管我们对这些问题有所发现，并通告了新港公司的有关同志，但他们不认可。在当时现有资料下，再进一步证实是很不容易的事。另外，油藏已经过几十年的开发，也经历了多次所谓的精细油藏描述，仍存在这样大的问题，我们也不敢再坚持我们的看法。因此按油藏厚度15m设计了2.0t/（d·ha·m）的注汽速率。如前所述，汽驱实施中逐渐证实，试验区实际油层厚度在23m左右，那么实际注汽速率只有1.3t/（d·ha·m），远远低于了成功蒸汽驱净油层厚度的最低注汽速率2.0 t/（d·ha·m）的要求。

另外，油藏描述的净总厚度比0.5，这就是说，在油层组中，有一半厚度为隔夹层。在这种情况下，如果只射开油组下段1/2，上段的油就不可能得到有效开发。所以射孔方案要求射开每个小层下部的1/2。汽驱过程中的监测发现，$J_3q_2^2$油组并没有有效的隔夹层。过去的长期注蒸汽开发在油层顶部已形成了一个小的次生气层。在这种油藏条件下，射开每个小层的射开方案，造成了蒸汽优先进入阻力最小的次生气层，因而引起过早的热天然气突破。

由于油藏描述的错误，使注汽速率过低，射孔方案不当，造成了这次汽驱的失败（当然还有其他原因，这里就不必说了）。

由上面所谈看出，我们的油藏描述，可能存在很多问题。当我们做油藏开发研究时，必须根据油藏开发理论和经验，及本油藏的开发动态，发现我们油藏描述中可能存在的问题，并把它加以改正。使油藏描述更符合油藏实际，才能选出适合油藏特征的开发方式，设计出好的开发方案，为成功开发打下基础。

稠油油藏开发中已成功应用的几种开发方式简介

稠油油藏开发中，已成功应用的开发方式主要为蒸汽驱、火驱和SAGD。下面对它们做一简单介绍。

1. 蒸汽驱

蒸汽驱在世界范围内已被证明是开发普通稠油的一种高效方法。对一个适合蒸汽驱的稠油油藏来说，其采收率一般在50%~60%。但蒸汽驱在我国的应用一直不太成功。"八五"期间，开展了10个蒸汽驱试验，除高升油藏在当时技术条件下油藏不适合汽驱外，其他试验基本上都是因设计和操作问题而造成了失败。这里也举几个例子：

【例7】 九3区的汽驱试验。

设计为9个100m井距的五点井组，单井注汽速度48t/d，井底蒸汽干度60%，采注比1.15。

实施情况：单井注汽速度26t/d，采注比0.62。

由设计和实施情况看出：

（1）注汽速率偏低。

按九区油藏描述的油层厚度15m计算，设计的纯油层的注汽速率为1.6 t/（d·ha·m），有些偏低。如我们前面所看到的，如果考虑到新疆九区所描述的油层厚度远远低于实际油层厚度，那么实施的注汽速率就更大大偏低了（估计实际油层净厚度的注汽速率为1.0t/（d·ha·m）左右。在这样低的注汽速率下，即使注入的蒸汽井底干度达到成功汽驱所要求的40%以上，蒸汽在油藏中的扩展范围也会非常有限。

（2）采注比不可能达到设计值。

在五点井组、单井注汽速度48t/d条件下，要达到1.15的采注比，单井产液量必须达到55t/d。我们知道，九区稠油油藏没有那么大的产能，设计的采注比完全是脱离实际的。实施的情况是在注汽速度26t/d下，采注比才0.62。如果按设计速度48t/d注入，采注比会更低。采注比远远小于汽驱合理值，汽驱中油藏压力会不断上升，蒸汽变为热水。

（3）井底蒸汽干度达不到设计干度。

在新疆油田当时的注汽系统下（集中大面积供汽），即使锅炉出口蒸汽干度达到75%，在单井注汽速度48t/d的条件下，井底蒸汽干度也达不到60%的水平，可能只有20%~30%。在实际注汽速度26t/d条件下，井底蒸汽干度可能为零。没有干度也就不会是蒸汽驱，而是热水驱了。

由于以上设计和实施中存在的问题，汽驱试验失败是必然的。

【例 8】 九 6 区的汽驱试验。

该汽驱试验设计为 9 个 50m 井距的五点井组，设计注汽速度单井 25t/d，采注比 1.1。

实施情况：汽驱 4 年，实际注汽速度平均 19.5t/d，采注比 1.2，累计油汽比 0.11。

由以上设计和实施情况看，存在单井注气速度过低问题。

设计为 25t/d，实际为 19.5t/d，无论在设计的注汽速度下还是在实际的注汽速度下，井底蒸汽都不会有干度。所以实际进行的是热水驱而不是蒸汽驱，因此试验效果不好。汽驱 4 年，累计油汽比只有 0.11，应属试验失败。

【例 9】 杜 163 的汽驱试验。

该试验设计为 4 个 100m 井距的五点井组，单井注汽速度 120t/d，井底蒸汽干度要求 60%，采注比要求 1.3。

实施情况：汽驱 6 年，单井平均注汽速度 66t/d，采注比为 0.79。

由以上设计和实施情况看出，该试验存在以下问题：

（1）在五点井组条件下，设计单井注汽速度 120t/d、采注比 1.3，是完全脱离实际的空想。因为在设计条件下，要求单井产液量达到 156t/d，这是绝对达不到的。实践证明，它的单井产液量只有 52t/d，采注比只有 0.79（这还是在注汽速度 66t/d 下的值，如果按原设计注入，其采注比还要低），由于注入量远大于产出量，汽驱过程中油藏压力会不断上升，即使汽驱初期有汽驱作用，也会慢慢转为热水驱。

（2）井底蒸汽干度要求 60% 也是脱离实际的空想。汽驱实践告诉我们，在 1000m 左右深度的油藏中，在 120t/d 的注汽速度下，即使锅炉出口蒸汽干度达到锅炉的最高标准 80%，井底蒸汽干度也达不到 60%。在通常情况锅炉出口蒸汽干度 70%~75% 的条件下，井底蒸汽干度一般只有 40% 左右。在实际的 66t/d 的注汽速度下，井底蒸汽干度可能只有 10%~20%。所以汽驱也是失败的。

蒸汽驱发展到今天，已积累了大量的理论和经验；岳清山的《油藏工程理论与实践》一书所提供的蒸汽驱采收率预测的油藏参数法，足可保证我们选出适合蒸汽驱的油藏；成功蒸汽驱四原则，为我们展示了成功汽驱必须达到的操作条件；成功汽驱设计方法可保证我们的设计方案实施中能同时实现操作四原则。所以蒸汽驱发展到今天，当我们在做稠油油藏蒸汽驱研究时，只要做好油藏描述（特别是油层厚度、孔隙度、原始含油饱和度、隔夹层发育情况以及相渗曲线特征要基本符合油藏实际），并真正正确应用现有的汽驱理论和经验，就能设计出设计指标和操作条件在实施中都能实现的好方案，为保证汽驱成功打下良好基础。

鉴于我国稠油蒸汽驱开发现状，我国蒸汽驱应在以下两个方面下一点功夫：

一是对已进行过蒸汽驱的油藏，应研究重新蒸汽驱的可能性。我国已汽驱的油藏，其汽驱采收率大多在30%左右（实际储量的）。如果我们能重新进行汽驱，使汽驱采收率达到油藏应有的汽驱采收率55%以上，在较高油价下（50美元/bbl以上），还是会有很大经济效益的。

二是已水驱过的稠油油藏进行蒸汽驱或火驱。一般说来，我国地层油黏度低于300mPa·s的稠油油藏都进行了水驱。这些稠油油藏的水驱，在生产含水95%之前，一般采出程度不到10%。如果想再采出百分之几的油，要注几倍孔隙体积的水，而且要几十年的开发时间，经济上很不合算。像这些稠油油藏，只要其他油藏条件适合蒸汽驱或火驱，我们可以把它们转为蒸汽驱或火驱。这不但可以把这些油藏的采收率提高到50%~60%，而且经济上也比水驱更有利。

2. 火驱

火驱是一个既古老又新兴的稠油开发方法，同时它又是一个既失败比例最多又有许多开发效果极好实例的稠油开采方法，难见庐山真面目。

尽管如此，火驱实践到今天，也积累了大量成功经验和失败教训。也积累了许多火驱基本规律的认识。所以火驱及高压注空气开发近年来又有所兴起，并且很可能成为今后油藏开发的重要方法。

1）火驱的几点经验

总结火驱成功的经验，主要有以下几点：

（1）火驱油藏选择：火驱油藏应选那些高孔隙度、高渗透率、连通性好、油比较稀的稠油油藏。其孔隙度应大于25%、渗透率大于200mD、地层油黏度应小于2000mPa·s。

（2）火驱井网：一般要选用线性井网，而且要从高部位向下倾方向推进。这种井网便于调节火驱前沿，能充分利用重力分异作用，波及效果好。

（3）层系划分：有有效隔层的、又应该划分层系开发的，要分层系上返式开发。没有有效隔层的，即使厚度大也不可分层开发，否则第二层系无法开发。

（4）要保持足够的通风强度，以维持火驱前沿推进速度在5~15cm/d。

（5）对地层油黏度较大（如大于1500mPa·s），油层温度又比较低（如45℃以下）的稠油油藏，要用人工点火，使火驱直接进入高温燃烧；对地层油比较稀（如地层油黏度小于200mPa·s），油藏温度又比较高（如50℃以上）的稠油油藏。可采取自燃式点火。因为稀油对燃烧模式不太敏感，即使进不了高温燃烧模式，对开发效果也不会有大的影响。

2）火驱的几个重要参数及其取值原则

（1）1m³油层的燃料生成量：火驱的基础是油层中必须有一定的燃料生成量。燃料生成量太多，烧掉的油太多，驱出的油太少，空气耗量大，经济上不划算；燃料生成量太少，形不成高温，不能维持正常燃烧。燃料生成量与油的性质有很大关系，稀油生成量少，重油生成量多。适合火驱的油藏其燃料生成量一般每立方米油层在20～35kg/m³，平均在28 kg/m³左右。一个油藏的燃料生成量一般由实验室试验求得。如果没有实验室数据，可根据油的性质取值。较稀的油取值接近下限，较稠的油取值接近上限。

（2）燃烧1kg燃料所需空气量：实验室求得为11m³/kg。

（3）燃烧1m³油层所需空气量：可由燃料生成量乘以11m³/kg求得。如果没有燃料生成量资料，可按250～350m³/m³，较稀油取接近下限值，较稠油取接近上限值。

（4）火驱前沿推进速度：火驱经验表明，前沿推进速度在5～15cm/d范围内能维持较好的燃烧状态。对于油比较稀、油层厚度较薄的油藏，可取近上限值；对油比较稠、油层比较厚的油藏，可取近下限值。

（5）火井的注气速度：在单向线性驱替下，单井注气速度一般为$2×10^4$～$5×10^4$m³/d。油比较稀、油层较厚、渗透性好的油藏，可取近上限；油比较稠、油层较薄、渗透性较差的油藏，可取近下限值。

（6）火驱波及情况：不同油藏的波及情况有很大差别，一般说来，火驱波及系数为0.4～0.7。油层较薄、较均质，波及系数接近上限；反之，油层较厚、非均质严重，波及系数接近下限。

（7）火驱井网的排距与井距：火井排与第一生产井排的排距，一般应是排内井距的1.2～2.0倍。油较稀、油层渗透性好的可取近上限，反之可取近下限。

（8）理论空气油比。理论空气油比的定义式为：

$$理论空气油比 = \frac{单位油层燃烧所需空气量}{单位油层燃烧驱出油量}$$

$$= \frac{燃料生成量 × 11m³/kg}{1m³ × 孔隙度 × 含油饱和度 × 油密度 ÷ 油的体积系数 - 燃料生成量}$$

记住了上面的火驱经验和火驱参数取值原则,我们就可粗略进行火驱方案设计了。下面举几个例子:

【例10】 一个稠油油藏油层厚度20m,孔隙度30%,渗透率500mD,地层油黏度200mPa·s,含油饱和度70%,油的密度为920kg/m³,体积系数为1.0。请给出该油藏从高部位向下倾方向线性火驱的方案设计。

解:该油藏原油稀、油层厚度中、渗透率好,因此注气速度可取近上限$4.5×10^4$m³/d,波及系数取近上限0.65,前沿推进速度可取近上限13cm/d,燃料生成量可取近下限22 kg/m³,排距可取上限2倍的井距。据此算得:

排内井距 = $4.5×10^4$m³/d ÷(20m × 0.65 × 0.13m/d × 22kg/m³ × 11m³/kg)= 110m

生产井与火井排的排距 =110m×2=220m

火驱驱出油量(即对应生产井的产量):

(1m³ × 30% × 70% − 22kg/m³ ÷ 920kg/m³) ×(110m × 20m × 0.65 × 0.13m/d)= 35m³/d

理论空气油比 =(22kg/m³ × 11m³/kg)÷(1m³ × 30% × 70% − 22kg/m³ ÷ 920kg/m³)= 1300m³/m³

【例11】 一个普通稠油油藏,油层厚度20m,孔隙度30%,渗透率500mD,地层油黏度1500mPa·s,含油饱和度70%,油的密度950kg/m³,油的体积系数1.0。请给出该油藏从高部位向下倾方向线性火驱的方案设计。

解:该油藏原油黏度中等、油层厚度中、渗透率好,因此注气速度可取近中值$3×10^4$m³/d,波及系数取0.55,前沿推进速度可取近中值10cm/d,燃料生成量可取近上限30kg/m³,排距可取1.5倍的井距。据此算得:

排内井距 = $3×10^4$m³/d ÷(20m × 0.55 × 0.10m/d × 30kg/m³ × 11m³/kg)= 83m(取80m)

生产井与火井排的排距 = 80m × 1.5 = 120m

火驱驱出油量(即对应生产井的产量):

(1m³ × 30% × 70%−30kg/m³ ÷ 950kg/m³)×(80m × 20m × 0.55 × 0.10m/d)=15.7m³/d

理论空气油比 =(30kg/m³ × 11m³/kg)÷(1 m³ × 30% × 70%−30kg/m³ ÷ 950kg/m³)
= 1850m³/m³

【例12】 一个超稠油油藏,油层厚度20m,孔隙度30%,渗透率500mD,地层油黏度15000mPa·s,含油饱和度70%,油的密度1000kg/m³,油的体积系数1.0。请给出该油藏从高部位向下倾方向线性火驱的方案设计。

解：对火驱来说，该油藏的原油已属超稠油，黏度太高，不但难以驱动而且难以注入。另外，由于油非常重，燃料生成量会非常多，所以已属于不太适合火驱的油藏。对该油藏，我们取单井注气速度 $1.5\times10^4 m^3/d$，前沿推进速度可取下限 5cm/d，燃料生成量取 $40\ kg/m^3$，排距与井距相同。由于燃料生成量大，前沿在每处燃烧持续时间长，高温波及会相对较好，波及系数可取 0.7。据此算得：

$$排内井距 = 1.5\times10^4 Nm^3/d \div (20m\times 0.7\times 0.05m/d\times 40kg/m^3\times 11m^3/kg)$$
$$= 49m（取 50m）$$

生产井排与火井排的排距：因为超稠油难以驱动，排距不可太大，可取 50m。

火驱驱出油量（即对应生产井的产量）：

$$(1m^3\times 30\%\times 70\% - 40kg/m^3 \div 1000kg/m^3)\times(50m\times 20m\times 0.7\times 0.05m/d) = 6.0m^3/d$$

$$理论空气油比 = (40kg/m^3\times 11m^3/kg)\div(1m^3\times 30\%\times 70\% - 40kg/m^3 \div 1000kg/m^3)$$
$$= 2588m^3/m^3$$

由以上三个油藏火驱方案和指标预测看出，在其他油藏条件相同的条件下，从稀稠油、普通稠油到超稠油，它们的井网密度、布井方式、油井产量、空气油比都有很大差异。不论油价高低，稀稠油的火驱都会有巨大经济效益；在中高油价（50~80 美元/bbl）下，地层油黏度在 2000mPa·s 左右的稠油，也会有一定的经济效益；超稠油即使在高油价（80 美元/bbl 以上）下也不会有多大的经济效益。

由上面的火驱理论空气油比的定义式看出，理论空气油比的实质是，当一个油藏或一个封闭区域的火驱，所注入的空气完全用于燃烧并且所驱出油全部采出的理想情况下，所能取得的最低的最终累计空气油比。实际上，在实际的火驱中，注入的空气不可能全部用于了高温燃烧，必然会有部分空气消耗在低温氧化上；并且在火驱后期，也必有部分空气发生窜流，没有被利用；另外，所能驱出的油也不可能全部被采出。所以实际最终累计空气油比都会不同程度的高于理论空气油比。但如果油藏描述（孔隙度和含油饱和度）正确，火驱又比较正常，他们的差别不会太大。另外，实践经验表明，对一个二次或三次采油的火驱来说，其瞬时空气油比（年或月的）经历初始短暂的高空气油比后（这时初始火驱驱出的油还远没到生产井，生产井这时采出的是油层中的游离气或水），早中期阶段的空气油比一般略低于理论空气油比，这是因为这时不但火驱所驱出的油能基本全部采出，而且还可采出虽没被燃烧波及，但受热传导影响的油藏部分中的油及火驱前沿前面蒸汽驱和烟道气驱所驱出的油；到了中后期阶段，实际空气油比值一般在理论空气油比值附近，因为这时火驱所驱出的油已基本能全部采出，而蒸汽驱和烟道气驱的机理减弱；到了晚期阶段，由于窜流的发生，实际空气油比将逐渐高于理论空气油比，并且不断升高，直到升至经济极限空气油比火驱结束。

我们可以利用理论空气油比与实际空气油比的关系，以及实际瞬时空气油比在火驱中的变化情况来分析判断油藏描述的孔隙度、含油饱和度是否符合实际，以及火驱是否真正达到了正常的高温燃烧的火驱效果。这里我们可举一例：

我国有一火驱油藏，该油藏描述为疏松砂岩，地层油黏度500mPa·s，油层孔隙度20%，原始含油饱和度60%，油的密度为920kg/m³，火驱前蒸汽吞吐生产，采出程度20%。

根据油的性质，我们可以合理地设定燃料生成量为25kg/m³。

根据采出程度，可算得，每立方米油层火驱前的平均采出量为0.024m³。

那么，该油藏火驱的理论空气油比为

$(25kg/m^3 \times 11m^3/kg) \div (1m^3 \times 20\% \times 60\% - 0.024m^3 - 25kg/m^3 \div 920kg/m^3) = 3985m^3/m^3$

而该油藏火驱中期的实际空气油比为1500m³/m³左右，显然这是因为油藏描述所给孔隙度和含油饱和度严重偏低造成的。事实上，对于疏松砂岩稠油油藏来说，它的孔隙度应为30%左右，原始含油饱和度应为80%左右，那么按这一修改参数计算，其理论空气油比应为：

$(25kg/m^3 \times 11m^3/kg) \div (1m^3 \times 30\% \times 80\% - 1m^3 \times 30\% \times 80\% \times 20\% - 25kg/m^3 \div 920kg/m^3) = 1667m^3/m^3$

修改后的理论空气油比与实际空气油比基本一致了。这充分说明了修改的孔隙度和含油饱和度基本是正确的。

3. SAGD

关于SAGD，我没有什么可谈的，李所长可详细的给你们讲。

稠油开发中应注意的几个问题

1. 一定要对油藏进行再认识

前面已谈到了油藏描述对开发方式选择、方案设计的重要性，并且也列举了一些油藏描述中存在的问题。其实，油藏描述存在问题是具有普遍性的。我们搞油藏工程工作的，经常遇到的一个困惑问题是：按所给油藏采收率和注入剂的驱油效率，用采收率公式（$E_r=E_D E_V$）计算的波及效率（E_V）非常好，常常是超出我们的预计值。但是油藏实际检测的波及效率又常常非常差，两者差异非常大。其实，这个问题的出现，大多是油藏描述有问题。确切地说，不是原始储量给得偏低，就是驱替剂的驱油效率给得偏低，或者两者皆偏低。所以，在研究一个油藏的开发时，必须首先对油藏进行再认识。

在油藏再认识中，必须应用油藏工程理论和经验，分析哪些描述不符合一般规律、与动态与静态资料之间存在的矛盾，并加以解决。达到既符合油藏工程理论和经验，又能自圆其说。在这一工作中，千万不要在没有解决油藏描述的矛盾之前进行百万节点、千万节点的所谓"精细油藏描述"。这样做不但毫无意义，白浪费了大量人力和物力，而且还会把油藏开发引向错误之路。

2. 重视已成功应用的开发技术的应用

对已成功应用的蒸汽驱、火驱和SAGD稠油开发三大技术，重点是选好油藏和正确描述，并把已有经验很好地用于方案设计中；认真跟踪分析实施中的问题，加以调整，一般都会成功。如有失败，也不必考虑方法本身是否有问题，只是检查油藏描述是否有错，操作是否有不当之处。所以对一个具体油藏，首先考虑是否适合应用这三大技术，如果不太适合这三大技术，再考虑应用新技术。

3. 重视发展新技术，但要严格考查后再应用

对于新技术的应用，要特别谨慎。不管别人还是自己提出的新技术，首先要考虑它的驱油机理是否真的存在，作用有多大。如果认为确实有应用前景，还要做大量细致的理论研究和室内实验，千万不可道听途说，就盲目上项目。盲目而上造成失败的例子太多了。可以说，咱们国家现场试验的开发方法，估计可能连1/10成功的都没有。例如，一种叫什么航空燃烧器的，鼓吹者说每天烧1t左右的柴油，将几百摄氏度高温的燃烧生成物全部注入油层，能大幅度提高稠油油井产量。他们说这种方法有多种增油机理：燃烧生成物中含有大量过热蒸汽，有蒸汽驱机理；含有大量CO_2，有CO_2驱油机理；另外，由于燃烧生成物全部注入油层，热利用率高。因而曾轰动一时。但只要你认真细想想就会发现，他们说的机理并不存在或作用甚微。这种燃烧器，一天烧1t柴油，它能产生多少热？即使它所生成的热全部注入油层，它的注热速度也不到每天注百吨蒸汽井的15%。而且也不是全部热都注进了油层，因为400~500℃的气体经过油管输送，它的热损失是注200℃蒸汽的2倍其损失率，为注蒸汽的十几倍。它的热量在注入过程中几乎全部损失在注入系统中。燃烧油所产生的超饱和蒸汽全部消失在注气系统中，因此也没有蒸汽驱作用；

187

至于烟道气中的 CO_2，一方面量很少，对地层压力没有什么升高，因此 CO_2 也不会溶于油中多少，它对油的膨胀和降黏作用也很小，甚至可以忽略不计。所以注入的气只是烟道气的作用。但是这种含有 CO_2 和水蒸气的烟道气，对管线有很大的腐蚀作用。当时我在一次会议上谈了我对这一方法的看法，结果得罪了推广这一技术的朋友。现在这一技术在中国没有听到得到推广，可能不了了之。

再如，氮气泡沫驱、蒸汽中添加各种添加剂的所谓改进的蒸汽驱，许许多多这方面的试验大都也都是不了了之。我不是反对这些技术，我是认为这些技术的应用有很大的盲目性。有些项目并没有做大量的配方、性能和使用条件的实验，只是设定一些作用性能，如阻力因子、界面张力降低等，经数值模拟计算有什么什么效果就在油藏上应用了，如锦45块只是进行过水驱或蒸汽吞吐过的油藏，油藏中的剩余油饱和度还远大于起泡条件就上了氮气泡沫驱，结果可想而知。

总之，对于新方法，必须经大量细致的研究工作，不可盲目行事。

一个全新的水驱油藏采收率预测公式

（2020年）

有关水驱油藏采收率预测，已有许多公式和方法，但应用起来都不够理想。随着水驱油藏开发的实践，对水驱规律认识得越来越多，我们提出了一个适用范围更广、精度更高的预测公式。本文正是对此有关内容做一些说明。

水驱油藏采收率预测方法和现状

对砂岩油藏水驱采收率的预测方法目前主要有两大类：一类是根据已水驱油藏的基本油藏特征参数与其水驱采收率的关系，统计得出的所谓的经验公式，预测油藏水驱应达到的水驱采收率；另一类是根据油藏水驱的动态特征来预测在现有开发条件下的水驱采收率。由于本文讨论的是属于第一类预测方法，故这里不涉及第二类预测的问题。

第一类水驱油藏采收率公式已有很多，目前我们常用的公式列入表1。由表1的公式可看到：

表1 水驱油藏采收率常用预测公式

序号	公式名称	公式
1	美国水驱公式	$E_R = 0.2719 \lg K + 0.25569 S_{wi} - 0.1355 \lg \mu_o - 1.5380 \phi - 0.00114 h_o + 0.011403$
2	中国水驱公式	$E_R = 0.1748 + 0.003354 \dfrac{N_W}{N_o} + 0.058591 \lg \dfrac{K}{\mu_o} - 0.005241 S - 0.003058 \phi - 0.000216 p_i$
3	杨通佑水驱公式（简称杨氏公式）	$E_R = 0.41715 - 0.00219 \mu_o$

续表

序号	公式名称	公式
4	陈元千水驱公式 （简称陈氏公式）	$E_R = 0.214289 \left(\dfrac{K}{\mu_o} \right)^{0.1316}$
5	苏联谢尔卡乔夫水驱公式 （简称谢氏公式）	$E_R = E_D e^{-af}$

注：E_R—水驱油藏采收率；K—油层渗透率，mD；ϕ—孔隙度；S_{wi}—初始含水饱和度；μ_o—地层油黏度，mPa·s；h_o—油层厚度，m；N_w—注水量，$10^4 m^3$；N_o—油储量，$10^4 m^3$；p_i—原始油层压力，at；E_D—水驱油效率，小数；a—比例系数，$a = 0.083 - 0.0208 \lg \dfrac{K}{\mu_o}$；$f$—井网密度，井/km²。

（1）这些公式明显分为两组，一组涉及的油藏参数多，几乎包括了所有油藏物性参数；另一组涉及参数较少，只涉及一两个参数。

（2）涉及参数较多的，可能是建造者想尽量包括所有影响水驱效果的油藏参数，以求得到较准确的采收率。但是否能达到这一目的呢？我看未必！原因：一是公式中有些参数影响程度小，考虑这些参数与不考虑这些参数，不会影响预测结果。如美国水驱公式中的油层厚度10m与30m，只影响到2%的采收率；又如中国公式中的孔隙度0.2与0.3，只影响0.3%的采收率。二是公式中有些参数的影响也不真实。如美国水驱公式中渗透率、孔隙度的影响就不真实。例如，在其他参数相同的条件下，一个油藏的渗透率为100mD，另一个油藏的渗透率为1000mD，由公式计算它们的水驱采收率相差27个百分点。如在其他参数相同的条件下，一个油藏的孔隙度20%，另一个30%，它们的水驱采收率相差15个百分点。经验告诉我们，公式所表达的是不真实的。再如中国水驱公式中的注水量影响也是不真实的。从公式看，注水量影响非常小，实际则不然，特别是注水量较小的时候。当注入0.2~0.3倍储量的水时，其采收率可能不到20%，而当注水量达到1.0~1.5倍储量时，采收率可能达40%~50%。加入这些参数，不但不能提高精度，有时甚至影响精度。

（3）第二组公式，参数很少，可能是建造者想突出主要影响参数。但从中我们也看到两点：一是突出的因素是否真的抓住了影响水驱采收率的主要因素；二是看抓住的主要因素的影响情况是否符合实际。如陈氏和谢氏公式中，把油的流度（K/μ）作为主要影响因素，我认为就没抓住主要因素。我们知道，流度是表示油流过油层时的难易程度，它对水驱采收率不会有大的影响。例如，在其他油藏参数相同的情况下，两个油藏，一个地层油黏度为10mPa·s、油层渗透率为100mD的油藏与另一个地层油黏度 100mPa·s、油层渗透率为 1000mD 的油藏，它们的油的流度是相同的，由陈氏公式和谢氏公式计算的水驱采收率应是相同的，即得出水驱采收率与流度无关。而油藏开发实践告诉我们，两个油藏的水驱采收率会有很大差别，地层油黏度 10mPa·s 油藏的水驱采收率可能能达到 40% 左右，而地层油黏度 100mPa·s 油藏的水驱采收率至多 20%。这有力地说明了陈氏公式和谢氏公式没有抓住主要因素。因此它们的预测能力值得怀疑。油藏开发经验告诉我们，杨氏公式抓住了主要影响因素油黏度，但其描述的影响程度却不符合实际。由杨氏公式我们可以看出，不管地层油黏度多小，水驱油采收率最高只有 42%，这显然不符合实际。如我们所知，地层油黏度小于 2~3mPa·s 的油藏，其水驱采收率基本都在 50%~60%。

（4）油层非均质对水驱采收率的严重影响已经成为我们的口头禅。但在上述所有公式中都没有涉及，这是现有公式的又一大缺点。

由以上几点可以看出，目前所拥有的经验公式，都存在这样或那样的问题，其计算结果的准确性值得怀疑。

新的油藏水驱采收率公式的建立

鉴于现有油藏水驱采收率预测公式存在的问题，及我们目前已积累的经验和统计数据，我们提出了更广泛、更精确的预测砂岩油藏水驱采收率的下列公式：

$$E_R = 72 - 9\lg\frac{\mu_o}{\mu_w} - 20D_P \tag{1}$$

式中　E_R——水驱采收率，%；
　　　μ_o——地层油黏度，mPa·s；
　　　μ_w——地层水黏度，mPa·s；
　　　D_P——渗透率变异系数[❶]。

对公式精确度的验证

因为新公式只有两个油藏参数，与第二组公式有较大的相似性，更有可比性，

---

❶ 渗透率变异系数的定义，请参见《油田注水工程方法》（F.F. 克雷格著，张朝琛等译。北京：石油工业出版社，1977 年）。如油藏没有渗透率变异系数的资料，对河流相沉积油层可取 0.8，对水下河流相或三角洲沉积油层可取 0.7，对较均质的油层可取 0.6。

因此这里我们只与第二组公式进行比较。如果读者想与第一组公式也进行对比，读者可自己设定一些第二组公式中没有而第一组公式中有的适当参数进行比较。

比较中我们设定三个油藏中的地层油黏度分别为 1mPa·s、10mPa·s 和 100mPa·s，地层水黏度 1mPa·s，其他油藏参数相同：渗透率 500mD，渗透率变异系数为 0.7，井网密度为 10 井 /km^2。不同地层油黏度油藏的水驱采收率各公式的计算结果列入表2。

表2 不同水驱采收率公式计算结果

公式	水驱采收率，%		
	μ_o=1mPa·s 油藏	μ_o=10mPa·s 油藏	μ_o=100mPa·s 油藏
杨氏公式	41.5	39.5	19.8
陈氏公式	48.7	36.0	26.6
谢氏公式	53.5	43.5	35.3
新公式	58.0	40.0	22.0

由以上计算结果及与实际（表3）的对比可看出：

表3 我国主要砂岩油藏水驱采收率统计表

油藏	油黏度，mPa·s	水驱采收率，%
八面河	150	21.2
杜 28	52	30.0
港西四区	40	29.7
曙 22	30	30.2
锦 16	27	38.0
双河	18	38.0
大庆油田萨尔图	15	39.0
港东一区明三层	14	43.0
兴 1	8	46.8
兴 58	7	42.0
江河	6	43.2

续表

油藏	油黏度，mPa·s	水驱采收率，%
玉门 L 层	5	46.8
马 50	4	47.2
兴 42	3	54.0
马 20	2	57.0

（1）杨氏公式对低黏度油预测偏低，对中、高黏度油预测结果比较符合实际。

（2）陈氏公式对中、低黏度油预测偏低，而对高黏度油预测偏高，都偏离实际较大。

（3）谢氏公式对高黏度油的预测偏高，对中低黏度油预测比较符合实际。

（4）新公式对低、中、高黏度油藏预测都比较符合实际。